U0171818

从细菌到宇宙

生命科学的N个
超大脑洞（第一辑）

上册

张周项　陶勇　　著

东方出版社
The Oriental Press

目　　录

第七章

能看到红色的动物，一共有几种？
—— 人类视力的独特之处

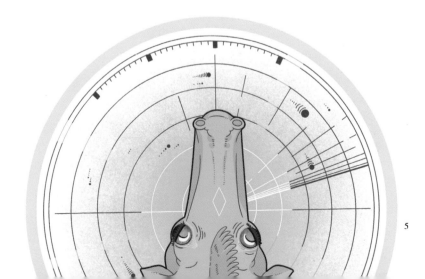

第 一 章

给人安双翅膀，
照样飞不起来？
——骨骼系统的秘密

假如，我是说假如，你在路上好好走着，没招谁没惹谁，却忽然飞来一只鸟朝你头上拉泡屎，稀溜稀溜的那种，你会怎么办？

最解气的办法，当然是把鸟抓住，也对着鸟头上拉一泡还回去啦。不过这也就是个想法而已，看透了你内心的鸟早已扑扇着翅膀，飞到离你五米远的空中，带着轻蔑的微笑看着你，那句直击心灵的拷问仿佛在回响："你会飞吗？有翅膀吗？"

是啊，鸟有翅膀人没有！

凭什么鸟有翅膀人没有？那给人安上一对翅膀行不行？能不能飞？

这个脑洞,
古人可是没少操心

　　自由自在的飞翔是人类始终不渝的追求,给人安上一双翅膀则是人类自古以来的脑洞。早在6000多年前的苏美尔文明中,就有女神伊南娜飞翔的形象,这位女神切换到飞行模式时背上就有一对翅膀,呼扇呼扇的。

　　在2000多年前的地中海地区,《圣经》中也记载了长翅膀的天使,而且一长就是三对六个,其中只有一对用来飞翔,另外两对分别用来遮脸遮脚。对这个设定,《圣经》并没有给出解释,所以谁也不知道为什么天使还要遮脸遮脚,有什么可害羞的?

　　在我国成书于战国时期到汉代的《山海经》中,就提到身上长着羽毛或者穿羽毛衣服能飞翔的"羽民"。秦汉时期的壁画上,也有大量长翅膀的羽人形象。他们都是超脱了俗世的仙人,凭着一双翅膀遨游天地之间。后来这种形象就贯穿了中国古代。

　　这种看法甚至影响了古汉语,修道之人结束在尘世间的自然生命时,会被弟子认为脱离了躯壳的束缚而飞升仙境,这一过程就叫

"羽化"。"一人得道、鸡犬升天"的成语就出自汉代淮南王刘安的故事，可惜没有留下壁画，否则那画上的鸡犬想必也都长着翅膀呢。

有了神话，自然也就有人去模仿神话。《汉书·王莽传》中记载了这么一件事。

主政的王莽需要抗击匈奴，就下求贤令召集贤能。有一男子前来应征，说自己能飞，而且一天能飞千里，可以飞去匈奴侦察敌情。王莽让他当场飞飞看，只见他给自己绑上两个鸟羽做的大翅膀，又在身上其他部位插上羽毛、装上各种器件，双腿蹬地飞起，飞了几百步才落下来。王莽也不傻，没觉得这人真能飞，不过还是给了他一些赏赐。

毫不夸张地说，无论是东方还是西方，亚洲欧洲还是美洲，在神话传说与真真假假的史料中总有长翅膀的天使形象。有意思的是，中国古代传说中长翅膀飞天的人高矮胖瘦都有；西方神话长翅膀的天使却大都拥有很美好的躯体，个个都是体态轻盈、线条流畅、肌肉发达、凹凸有致。

甚至搁到今天也差不多。维密大秀大家或许都看过，过去这几年内衣模特纷纷给自己安上翅膀，秀身材的同时给人无限的遐想。若维密模特身上不背一对翅膀，都不好意思跟同行打招呼……

维密模特差不多就是人类对于长翅膀的终极想象。

又美又能飞。

只可惜，拥有这样美丽身材又长着一对翅膀的天使，如果在现实中真有的话，那她也根本飞不起来。

力学学得好，
飞行没烦恼

鸟类能飞行，靠的可不仅仅是那一对翅膀，而是一整套飞行系统。

一只鸟要想飞起来，扑扇翅膀产生向上的推力那是最基础的操作。一般来说，体型越小、翅膀越小的鸟往往扇动翅膀的频率越高，高空飞的鹰则可以利用气流滑翔让翅膀扇动得慢一些，但也得经常扇、不能停。

扑扇翅膀的动作跟人类的扩胸动作差不多。去过健身房的都知道，撸铁扩胸连续半个小时基本上就是极限，能一口气撑一个小时的绝对是条汉子，但鸟可是一飞一天甚至几天，一个小时对鸟来说不过是刚起步。有种军舰鸟，出生在非洲东南部的欧罗巴岛，要飞到印度尼西亚的苏门答腊，再绕一个大圈回程，185 天内要飞 5 万千米，其中只有 3.7 天在休息。

要飞这么远、这么频繁，鸟类要有强大的胸肌，以及跟身体相比尽可能大的翅膀面积，才能源源不断地提供强劲动力。大部分鸟

的胸肌占到全身重量的五分之一，体型最小的蜂鸟甚至占到三分之一。而且鸟的体型大小一般都是靠翼展来衡量，也就是一对翅膀打开后最远处的距离。生活在南美的安第斯神鹰翼展可达3米，可是从头到尾的长度不过1.6米，翅膀及其附属的动力系统占身体的绝大部分。

相比之下，人的胸大肌不过占全身肌肉的百分之几，哪怕加上背部与胳膊上的肌肉，也不会太多。这还是对常年撸铁、身体呈倒三角的健身达人测量的结果。如果你没进过健身房、办了卡就搁家里吃灰，那比例只会更低。人类的胸肌只是匹小马，怎么可能拉得动全身这辆大车？

那么人的肌肉去哪了呢？有类似疑惑的同学可以掐掐自己的大腿、摸摸自己的肚子，在那一层温润如玉的脂肪保护下，藏着大量蓄势待发的肌肉，身体下半部分肌肉才是全身的大头。

之所以出现这种差距，是因为鸟类是飞行动物，而人类是为数不多的直立行走动物之一。一只老虎体重 150 千克由四肢承受，平均一个肢体负重不过 37.5 千克；一个成年人体重 75 千克却只有两个下肢负重，平均每个肢体也要结结实实地负担 37.5 千克。

而且人类还特别擅长奔跑，有研究猜测原始人就是靠动辄慢跑一天一夜耗死的猎物。怪不得人类下肢肌肉发达，腰腹部肌肉支撑了直立起的人类肌体，腿部肌肉则带着人类的双脚走遍天下。

所以说，人类的肌肉系统也是很强力的，但不是飞翔的型号，跟飞翔的需求不配套而已。

鸟类的"双减"

想让一驾马车跑起来，光给拉车的马加油鼓劲是远远不够的，同时也要给马车减重、别让马累死。同理，鸟类要想飞起来，光靠增强翅膀及动力系统也是不够的，同时也要减轻自身体重、减轻空气阻力，好给翅膀减减负。

如果你上过解剖课或者看过鸟类解剖视频，或许会注意到，鸟类的骨头截开以后和人类以及其他哺乳动物的骨头都不一样，里边有大量空隙；如果放到天平上称，也不难发现，同等体积的鸟类骨头要比哺乳动物的骨头轻不少。

骨骼大概占人体重的15%到20%，但由于这种中空结构，骨骼在鸟类身体的总体重中占比只有个位数，比如家鸽的骨头只占总体重的4%左右。通过发育出中空的骨骼，鸟类减轻了总体重，也就给翅膀减了不少负担。

除中空骨骼外，鸟类的身体里有一些类似小气球一样的玩意儿，这叫作气囊；如果你细细追寻，还会发现这些气囊都通过一根根小管子连接到鸟类的肺上。

　　胸肌和翅膀提供动力、中空骨头减轻负担,这些气囊就比较牛了,两件事都能办。一方面,气囊与肺相连,为肺提供扩展作用、提高气体交换效率,相当于把鸟类的肺扩大了;另一方面,由于气囊占据大量体积,减轻了鸟类的平均密度,让鸟类获得的空气浮力比同重量的人类大,降低了飞行负担。

　　这个装置大部分鱼体内也有,叫鱼鳔(biào),充气时让鱼上浮、放气时让鱼下沉。后来这招被人类学来了,在潜水艇里装个罐

子，往里边灌水就下沉，打准备好的压缩空气就上浮，特好使。

此外，你见过的鸟是不是嘴巴都尖尖的？这也是鸟类飞行的利器，经过长久进化，鸟类整个身体都成了流线型，嘴变成了尖尖的喙，这些都有助于最大限度减轻空气阻力。

为了能飞，鸟狠到连牙齿都不要，扪心自问，这点人做得到吗？

鸟类的这些减重措施是种族天赋，人类羡慕不来。早在两亿年前，鸟类的祖先恐龙就有些进化出了中空的骨骼结构，经过上亿年的进化才成为今天的鸟类。有研究发现，甚至霸王龙的头骨都是中空的，里边充满空气。而尖尖的喙，则早就被进化出来，走上了和哺乳动物、其他爬行动物完全不同的进化路线。

要想飞，
就得破除模仿鸟类

　　假如将来医学发达了，能给你做手术安上一对翅膀，那你可千万别指望这对翅膀能带你飞，因为你的身体结构离能飞行差远啦。

　　假如医学又进一步，能给你全身做个大改造，让你能靠翅膀飞行，那手术后的你一定不是想象中的天使模样，而只会是和鸟体型差不多的鸟人。你的骨头需要做成中空形式、体内得加上气囊，还得安上大量胸肌；你的身体会中间粗两头细、眼睛会长在脑袋两边，嘴巴还会是尖尖的。

　　以目前绝大多数人的审美来看，都不会觉得这样的你跟"美丽""帅""性感"沾哪怕一丁点边。

　　不能飞的何止是人类呀。由于飞行需要如此多的部位参与、这些部位如此精妙的配合才能输出强劲动力，所以不少鸟类干脆在进化的长河中踏入了独特的支流，放弃了飞翔。

　　比如鸵鸟就走上前肢削弱、后肢力量点满的进化路线，靠高大

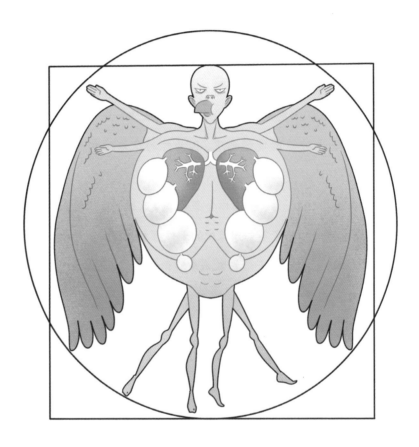

的身躯及粗壮的双腿在非洲草原上立足。以鸵鸟的高大身躯，要想飞上天那至少需要翼展达到4—5米，6500万年前的翼龙或许能与之一战。而在今天的地球上，已经没有条件进化出如此大的飞翔巨兽，所以鸵鸟安心地待在地上，继续做安静的草原霸主就好。

其实在古代也是有自然科学的，也有人通过观察鸟类认识到人鸟殊途，身体结构的不同根本不可能逾越。于是有人就想模仿鸟类设计飞机，让飞机扑扇着翅膀带着人类飞翔，这种想象中的飞机叫扑翼机。1250年，英国自然科学家罗杰斯·培根发表《工艺和自然的奥秘》，其中就提道："供飞行用的机器，上坐一人，靠驱动器械使人造翅膀上下扑打空气，尽可能地模仿鸟的动作飞行。"

15世纪，达·芬奇也设计过扑翼机；20世纪初莱特兄弟的飞机都上天了，还有很多飞行爱好者在努力改进这种机器。在他们看来，扑扇翅膀才是正宗的飞天方式，螺旋桨啊、喷气式啊啥的都算是异端。

只可惜，直到科技发达的今天，绝大部分扑翼机设想都停留在图纸阶段，只有个别的能做成模型大小，用来执行一些特殊任务。跟螺旋桨比起来，扑扇翅膀的效率实在太低、功耗也实在太大了。

相比之下，莱特兄弟发明的飞机上天后，到今天已经更新了数十代，人类已经可以坐飞机到处翱翔。从某种意义上来说，人类正是突破了模仿鸟类的思维限制，才发展出真正可行的飞行技术。如果从培根的那本书算起，可以说走了7个世纪的弯路才终于开拓出正确的道路。

人类自从发明飞机就一发不可收拾，火箭、空间站、宇宙飞船，一路突破地球引力的束缚。今天的人类足迹，早已到达38万千米以外的月球，下一步将跨越5500万千米到达火星。

而这一切，或许要感谢人类没有选择翅膀的进化路线，而是选择了灵巧的双手与高智商。

第 二 章

狗会游泳我却不会，
我还有救吗？

——直立行走背后的故事

春暖花开、江水涨流，这种时节最适宜出游。

尤其适合带小狗沿着河岸出游。右手边是嫩绿嫩绿的草丛与小树，嫩到都仿佛能闻到一丝春芽的气息；左手边是波光粼粼的河道，不时有小鱼跃出水面，水质清澈到让人想下去畅游一番。那感觉真如同沉睡在梦中，亲身体会到为什么古人会写下"但愿长醉不复醒"的诗句。

我在这边脑补游泳，小狗已经挣脱绳索跳入河中。狗在水里昂着头、来来回回反复游，身为旱鸭子的我只能在岸上刷着手机等待，安安静静地做个素质观众。更可气的是，狗游够了、游累了、游开心了爬上岸，我还得拿块毛巾给它擦干，否则狗像小马达一样震动着抖一抖，我的衣服可就遭殃了。

所以问题就来了：凭什么狗天生会游泳，人却不会？怎么在游泳这件事上，人就不如狗了？

直立行走的代价：
失去天生的游泳能力

　　要回答这个问题，需要你用自己的身体配合做个实验。你在床上自然趴下，有没有发现自己的脸朝着地球那一边？准备个脸盆，弯腰洗脸的时候，是不是鼻孔啊、眼睛啊、嘴巴啊都在水里？

　　这就是人与狗在生理结构上的本质不同：人是直立行走的，带有呼吸器官的面部朝向与身体垂直；狗是四条腿着地的，嘴巴和鼻子的朝向与身体平行。而在水中为了减小阻力，身体是要水平前进的，狗鼻子能自然露出水面，人的口鼻却都浸在水中。所以狗在水中本来就能呼吸，人要游泳却需要学习抬头换气。

　　有人要问了，那竖直着不行吗？

　　不行。人体的平均密度是 1.02 克 / 立方厘米，恰好比水大 2% 左右，竖直立在水中必须用力踩水才能让头顶露出水面一点点。但人的鼻子嘴巴又不在头顶上，踩水力度要非常大，露出 2% 左右的体积才能让鼻子呼吸。

　　这只是在水里浮起来。要想游动起来，还得把握踩水方向、

防止踩偏，这些都需要相当严格的后天训练。

　　似乎还有人杠，说趴着不行、站着也不行，那我躺着！

　　这个姿势相对靠谱一些。据报道，2022 年 6 月，在山东省聊城市城区运河里，就有一位女士静静地平躺着随波逐流，把岸边散步的人都吓得够呛，赶快报了警。

赶来的民警和消防员一度以为她失去了生命体征，试着抛了段绳子过去却被她一把抓住，然后被顺利地救上了岸。后来他们才明白，这位女士在岸边散步失足落水，不会游泳只好躺着一动不动，防止沉入水底，直到救援人员赶来。

人在落水情急之时的自救方式，也就是人游泳的自然姿势，仰泳无愧自然泳姿这个称号。

但问题在于，人对未知充满了天生的恐惧，视觉则是人类接收信息的主要渠道，看不到会带来极大的恐惧。你可以试一下，在一条哪怕是自己熟悉的道路上，闭上眼看自己能走几步不睁开？或者背朝前倒着走，看自己能走几步不转头？

同理，仰泳是未知感最强的那种泳姿，因为人躺在水上，不能直观地看到水有多深，老担心自己会不会沉下去，这对人的心理承受能力是极大的考验。所以仰泳和趴泳、怵水一样，都是需要后天训练的，只是训练的侧重点不同而已。趴泳这个词是我自己发明的，蝶泳、蛙泳、自由泳都算。

别挣扎了，游泳确实不在人的种族天赋清单里，主要原因就在于人是直立行走的动物。600万年前，刚站起来的人类与自然签署了一份契约，其中的一个条款就是放弃天生的游泳能力。

在这份契约上，人类放弃的可不止这一点。

脊柱问题，几乎是人类的专利

1997年8月，古生物学家在我国昆明海口地区发现了一种化石，根据地名命名为"海口鱼"。经过多方研究比对，这种鱼被认定为全球最古老的脊椎动物，生活在距今5.2亿年前的寒武纪。

也就是说，脊椎作为动物体内的一个编制，已经在这个地球上存在了5.2亿年。在这5.2亿年里，绝大部分脊椎动物要么是四脚朝地，要么是靠流线型身体游来游去，总之都是与地面平行的；当然也有霸王龙这样两条腿着地的奇葩，但人家的脊柱是弯曲且斜向前方的，与地面呈一定夹角，奇葩程度比起人类来还是差一截。人类的脊柱是与地面垂直，你要站不直爸妈还会训你，别问我怎么知道的。

这对脊柱来说可是个大考验：原本是房梁，现在直接变成了立柱；本来主要承担拉力，现在变成了主要承担压力。脊柱毕竟当了5.2亿年的房梁，结构历经进化已经适应了这一工作，但最早直立行走的南方古猿距今不过600万年，根本没有足够的时间改造脊

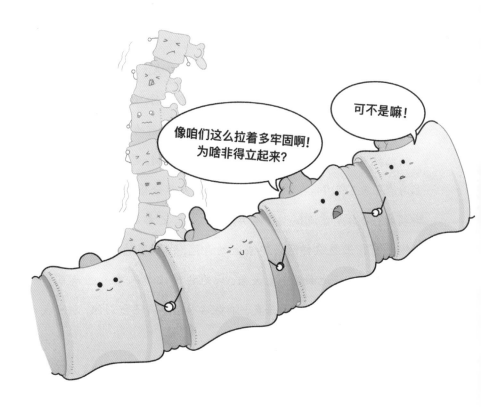

柱设计图。

所以脊椎病几乎就是人类的专利，这其中又有两种脊椎病最为突出，其一就是椎间盘突出。无论人还是动物，两块椎骨之间都长着一些富有弹性的软骨，富含肌肉、肌腱与各种胶状物质，起到缓冲脊柱、让其有一定活动范围的作用。吃羊蝎子火锅时，两块骨头中间软软的肉就是那玩意儿，富有弹性、嚼劲十足，好吃得很！

椎间盘弹性是好，但直立行走的人类全身重量都压在上边，久而久之这点弹性也不够用了，慢慢就变形了，扁了自然也就突出了。

严格来说，椎间盘突出也不绝对是人类的专利，别的动物只要能直立起身子的都容易得。熊就是一个绝好的例子，有时候站得高看得远，有时候趴下四条腿跑得快。这样的后果是熊的脊椎也经常出问题，2014年5月7日，以色列的一家野生动物医院就给19岁的叙利亚棕熊做了椎间盘突出修复手术，光工作人员就用了36名，其中真正动刀的只有3名兽医，剩下的25名工作人员负责搬运这个250千克的大个子，8名工作人员负责按住它协助手术。

其二则是脊柱侧弯，全身重量都压在一根直立的柱子上，这谁也不能保证平衡，时间久了很容易就往一边弯。

和椎间盘突出一样，这也是直立行走的动物都会遇到的问题。2017 年，一个医学研究小组做了个实验，把一些小鼠的前肢和尾巴切除，再通过诱导让其双足行走，三个月下来发现一半多的小鼠都得了脊柱侧弯；而在对照组内，四肢完好、四脚朝地的小鼠只有十分之一面临同样的问题。

　　更何况，人类进入工业社会以后分工日益精细化，一个动作要重复来重复去，脊柱受力不平衡就很容易侧弯。2018 年，有研究者对 200 多名乒乓球少年运动员进行了测试，发现其脊柱侧弯高于常人，且 13 岁年龄段的男运动员脊柱侧弯率尤其高。这还只是各种分工中的一种，羽毛球运动员、手机流水线的工人、坐格子间的"码农"，只要是一个不对称动作长期重复做的，都有可能得……

 难产

对女性来说，生娃是一道鬼门关。

20 世纪 20 年代，距今一百年前，国内产妇死亡率高达 1.76%，每十万名产妇就有 1760 名死去。在有各种医疗资源加持的今天，有研究人员抽样调查过几个大城市的数据，产妇死亡率依然在十万分之几到十几之间徘徊。这两个数据什么概念呢？令人闻之色变的艾滋病，目前的死亡率是十万分之一点多，相比之下都显得十分温和。

这里插一句，电视里经常出现的"保大人还是保小孩"的问题，在现实中至少正规医院是不会问的。产妇是自然人，其生命健康受法律保护；胎儿尚未出生，其受保护顺位要靠后一些。更何况母体健康是胎儿顺利出生的重要条件，一般来说保大才能保小。

至于难产率那就更高了。笔者经历过媳妇生产，医院产房门口挂个小黑板，上边写着各位产妇的临产进程，外边守候的家属就盯着，等个一天一夜算快的；据几位生过娃的女士描述，更是各种使劲、憋气，旁边还有助产士鼓劲，大部分人还要在产道上切一刀，

才能让新生命经过那道门来到世间。还有不少女性实在生不出来，干脆跟医生申请，评估通过后去肚皮上划拉一刀，产房里最常见的医患对话就是：

"实在生不出来，要不剖吧！啊啊啊……"

"再努力下，能不剖就不剖。"

相比之下，有动物园直播过动物分娩，那就爽快得多，小鹿、小兔、小狗都是"咕噜"一下就从妈妈体内掉出来，哪怕是形体巨大如小象者，分娩也都是以分钟计时。

这其中的一个重要差别，就在于人的直立行走。为适应直立行走，人的骨盆变小，产道不仅宽度受到极大限制，而且变得弯曲。相比四足行走的动物们，人类的产道是多拐了弯的。古代有说法称大屁股女性好生孩子，这在当时条件下是对女性的工具化，但这一规律本身并非没有道理。女性骨盆过小的话，产道会更小，生孩子会更难。

此外，灵长类的脑子在动物中已经是很大的了，人类的脑容量相比其他灵长类更高，是黑猩猩的将近 3 倍。20 世纪 80 年代，有学者甚至提出用脑容量作为界定人类与猿猴的分界线，后来没被采纳。

脑袋大、产道又曲折且长，这些给人类分娩造成了巨大困难，

也是为直立行走付出的一项代价。除这两项外，这些代价还有：

心脏泵血负担增加，导致人容易得高血压。动物的血压是跟大脑高度呈正相关性的，长颈鹿身高 5 米左右，为了把血泵到这个高度供给大脑，其心脏重达 11 千克，是人类心脏重量的 30 倍之多；血压高达 220 毫米汞柱，是人类的 2.5 倍。人类直立行走后，大脑高度升高近一倍，血压也随之提高不少，今天高血压普遍发病，跟600万年前的直立行走不无关系。

膝盖更加容易磨损。上一章讨论飞行时聊过，人的全身重量都压在两条腿上，导致一个75千克的人双腿承压不比150千克的老虎小，而这些压力都是结结实实地由两个膝盖承受的。人膝盖关节内有两块半月形的软骨板，人体每一次走动都要磨损这个部位，半月板磨损也是马拉松运动员的常见病。

更容易得痔疮。这个话题容易引发共鸣，留到以后细聊。

直立行走的好处

　　既然直立行走代价这么高，那 600 万年前我们的祖先为什么还要选择站起来呢？

　　因为获益十分明显，而且远远超过代价。首要的益处就是解放了自己的双手。长手掌的可不止人类一种生物，大家回想一下在动物园见过的猴子、大猩猩就会发现，基本上所有的灵长类动物都有手掌这个编制。但猴子也好，猩猩也罢，手掌都是不如人类的。

　　以手的动脉弓为例，这是用来在手部受到压迫时保证血液畅通的结构，还能调节手部温度，发育越完全，可以说手就越高级。人手的动脉弓又能分为掌浅弓、掌深弓、掌心动脉、拇主要动脉四部分，其中掌心动脉更有 4 条之多，但别的灵长类动物就缺这缺那；黑猩猩与人更相近，编制好不容易都全乎，掌心动脉却只有 3 条。

　　此外，人类手脚差异巨大。大家回想一下自己在动物园猴山看过的猴子，有没有注意过，猴子的上下肢长的都是手掌，手脚之间几乎没有区别。大猩猩跟猴子类似、手脚差别也很小，类人猿的

手脚则出现了一定分化，虽然还没有完全像人的脚，但已经不太像手了。

　　人的下肢演化成今天的样子，失去抓握能力，这并非退化而是进化，意味着脚承担了人类的行走功能而把手解放出来。《自然》杂志上曾有篇论文《人与猿的手比例演化》，指出人类的手指与手掌比例更接近于最早的灵长类，发生变化的是大猩猩、类人猿的手。研究者猜测，这背后的原因是大猩猩和类人猿经常需要攀爬，上肢逐渐演化成了手掌长、适合抓握的样子；人类直立行走没有经常攀爬的需求，手就解放出来专干精细活。

也正是这个原因，欧洲动物学家居维叶曾经提议过把人类开除出灵长类家族，另设两足类，理由是别的灵长类动物都是四脚着地行走的，只有人是个另类。对这么脑洞大开的提议，动物学界自然没有同意，毕竟人类就那点近亲还在地球上，没必要特意疏远以显另类了。

2006年，英国广播公司（BBC）发布纪录片《四肢爬行的家庭》，记载了在土耳其南部尤拉斯一家的遭遇：

这家有19个兄弟姐妹，其中5人不会直立行走，只会四肢着地爬行。而且他们爬行的姿势与婴儿不太一样，人类下肢占到体长的一半左右，所以一般爬行都是膝盖着地，这5人却是脚掌着地，在当时的报道中称之为"熊式爬行"，怎么爬怎么别扭。要知道，在一些国家的军队里，是让新兵进行"熊爬"以锻炼其忍耐力的，一般人根本坚持不下来！

这几位"熊爬"者双手依然灵活，其中两名女性甚至能穿针引线织毛衣；双腿也还可以，其中的哥哥能爬行8千米，一般人走这么远都累，但他们智力确实堪忧，语言能力也退化不少，面对镜头只能憨笑。虽然 2014 年有研究认为爬行者是小脑蛋白质出了问题，但这个案例也让不少生命科学家猜测，控制人直立行走的基因与影响智力的基因之间，是否存在较大的交叉与重叠？

科研人员正在逐渐回答这个问题。2019 年，有人系统地研究了一个叫 Foxp2 的基因，发现这一基因在神经功能上对人类语言和认知功能有重要作用，同时影响颅面骨的塑形，而这种塑形是与直立行走有关的，在骨骼上提供了语言发声的结构基础。研究者得出结论，这一现象"暗示了语言和直立行走这两个性状之间存在共进化的基础"。

而且能确定的是，直立行走本身对智力开发是有好处的。直立行走意味着大脑要处理更多信息、协调更多肌肉才能保持身体平衡，脑组织活动由此增加，再促进脑的发育，从而提升人类智商。

2000 年左右，有科研人员拿猴子做过实验，教猴子在机器上直立行走。经过两年训练，大部分猴子都能顺利行走，一些猴子甚至不愿意再四脚爬行。对它们的脑组织进行研究，发现控制复杂活动的、处理感觉信息的，甚至约束其行为的脑组织活动都增加了。这才短短两年，要知道人类可是直立行走了至少 600 万年。

让我们回头看一下这份签署于 600 万年前的契约吧！

甲方：大自然

乙方：人类

乙方自愿放弃四脚着地的行走方式，选择直立行走。为此，乙方
付出代价如下：

1.更频繁的脊柱问题；

2.更困难的分娩过程；

3.更高的膝盖磨损速率；

4.更高的血压；

5.新疾病痔疮；

……

乙方获得的收益如下：

1.更高的智力；

2.更灵活的手部运动；

……

甲方将对乙方加以监督，并严格评估乙方的进化效果，以确定
是否给予其物种继续生存在地球上的权利。

代价看起来似乎不少，事实证明还是收益更高。杠自己一下，说我们的祖先"选择"站起来并生存到今天或许不够准确。直立行走应当是人类的主动选择，但当时进化方向很多，经过对比与淘汰后，直立行走被大自然选择留下。逐渐站起来的人类适应了环境，而且比其他动物更加适应环境，才一步一个脚印地走到了今天。

人类选择了直立行走，大自然选择了人类。

第 三 章

人类这个身高，
搁动物界能排前多少？

—— 体型与生存的关系

2022 年 9 月 12 日，西澳大利亚首府珀斯附近的一个小镇上，一位名叫彼得·尹兹的 77 岁老爷爷被自己养的袋鼠打死了。

这位老爷爷本是羊驼饲养员，或许是养腻了想换换口味，就养了一只野生袋鼠当宠物。没想到袋鼠野性未改，这天忽然发疯攻击自己的主人，等警察到场时还不让施救。警察也没办法，只好击毙袋鼠送老爷爷去抢救，结果是双输，袋鼠没了，老爷爷也没了。

在这条新闻下，有网友问不能不击毙袋鼠吗？不能推开袋鼠强行把老爷爷送医院吗？提问的网友八成没见过真袋鼠，成年袋鼠身高 2 米，体重可达 90 千克，不仅下肢粗壮，上肢也是充满肌肉，除非像泰森那样五大三粗的壮汉，否则人类与其单挑基本没有胜算。

动物的体型：
有的量前后，有的量左右

在很大程度上，袋鼠的战力来源于其体型，而体型比袋鼠高大的动物多的是。不同动物的体型有不同的量度体系，马、驴、骡子属于牲畜，比较听话，而且绝大部分时间里保持站姿，其体型就用肩高衡量。

老虎生长于山林，配合度不是很高。即使动物园里的老虎，也总是各种造型扭来扭去，一般测量大小都是麻翻、捆上，然后才能上测量工具，量体长比较常见。

对狗这种善解人意的家伙，则是体长和肩高都有。翻翻不同城市的养犬条例，对大型犬的划分就有肩高派和体长派。

能飞的鸟类翅膀占身体比例极大，所以一般用翼展形容大小。至于不能飞的鸵鸟嘛，翅膀大小不重要，腿长腿短才重要，所以就用身高做指标。

熊时而趴下，时而立起，且轻易没人敢惹。对这种奇葩来说，那就赤裸裸地用体重做指标。

在不同的动物之间作比较时，体重就成了共同的指标。毕竟动物没有减肥的需求，体型大和体重高一般是一致的。互文词"人高马大"就是这个意思，可见"高"与"大"是密不可分的两个属性。在德语等语言中，说人个子高不说"高"，而是说"大"；德语中说一个人"高"的话，指的是这个人站得高。

这是有其内在逻辑的，高个子哪怕现在瘦，吃胖的潜力也比矮个子大。

在吨位排行榜上，排名比人类靠前的动物多了去了：生活在中国的东北虎，体重在200千克左右；生活在非洲中南部的黑犀，体重可达1400千克；分布在热带、亚热带丛林里的亚洲象，体重可达5000千克、肩高4米；蓝鲸更是地球上有史以来最大的动物，仅心脏就重达500千克，血管粗大到可以让一个成年人爬过去。

那么问题来了，人类这个体型有优势吗？

要回答这个问题，得先明白动物的体型有什么用。体型大的好处比较明显，首要一条就是能打架，身大力不亏。在农村生活过一段时间的同学应当有经验，牛一旦疯起来一两个人拽不住；在草原上见过套马的人应该更了解，马跑起来力大无穷，套马的汉子是很威武雄壮，但跟马一比还是显得瘦弱，只能被马带着跑，很是费鞋底，技术差一点那就费人。

所以食肉动物体型要长大点，好干得过自己的猎物；食草动物也得长大，好不被食肉动物吃掉。体型优势在海里体现得特别明显，绝大部分鱼没有长牙齿，吃东西基本靠吞，谁体型大谁就能吞掉体型小的鱼。例外极少，其中之一是生活在北大西洋及墨西哥湾的黑叉齿鱼，自身体长不过 25 厘米，却依靠强大的下颚能吞掉一米多长的鱼并存进折叠型胃袋里，号称大西洋杀手。但这种毕竟是极少数，而且黑叉齿鱼这么吞风险也不低，美国就有博物馆保存着黑叉齿鱼的标本，吞的鱼太大把自己撑破了。

这条规则甚至适用于微生物界。2022 年，几位科学家在加勒比海的红树林海洋中做研究时，意外地发现有一种细菌体长达 9.66 毫米。要知道，普通细菌是以微米为长度单位的，这种细菌体长是普通细菌的 5000 倍以上，放一起就好比珠穆朗玛峰和普通人的差别！

其实这种细菌早在 2009 年就进入人类视线了。当时一位美国生态学家观察加勒比海红树林海洋沉积物时，发现了一些白色小丝丝，就顺手捞回去看看也没在意。没想到后来越看越觉得不对劲，最后发现这玩意儿竟然是一种细菌，只有单个细胞！

于是科研人员在惊叹中给这种菌安了个 Thiomargarita magnifica 的拉丁文学名，前半部分用"硫"和"珠"形容其生长环

　　境及形状，后半部分用"巨大"形容其体型，合起来就叫"巨大硫珠菌"。由于magnifica在拉丁文中也有"华丽"的意思，所以很多媒体将其翻译为"华丽硫珠菌"，一下就高大上起来了！

　　对这种细菌来说，巨大体型是个莫大的优势，因为它是靠吸收海水里的硫元素存活的。体型越大，与海水接触的表面积就越大，也就越容易吸收硫元素充实自己。

体型大的劣势：
吃得多、热得快

体型大自有体型大的烦恼，第一条就是散热问题。如果你手头有乒乓球和玻璃弹珠，不妨做个简单的小实验，分别拿两张纸包住它们的表面，尽量不重叠，然后把纸平铺开来就能粗略看出来二者的表面积；再用两个杯子分别装满水，放到更大的杯子里，把两个球分别放进杯子，乒乓球压到刚好全部没入，就能粗略看出来二者的体积。你会发现，二者的表面积之比也就是 1:6 到 1:8 之间，但体积之比能达到 1:15 甚至 1:20。

为什么? 这个问题从微积分的角度不难解释，弹珠与乒乓球的半径之比不过 1:2 到 1:3，表面积是成平方扩大，体积却是成立方扩大，所以目测起来差别不大的两个球体，体积却差了十几二十倍。这条规则在动物身上依然适用，动物的皮肤总面积与体型呈平方关系扩大，体重却呈立方关系扩大。

皮肤下有各种毛细血管、外有汗腺，能起到散热作用；体内可是分布着各种各样的血管与内脏，源源不断地产生热量。这样的结

果是，体型越大的动物，皮肤的相对散热能力就越差，因为要负担更多的体内组织。

针对这一现象，动物学里甚至有条伯格曼法则，大意就是对同种动物而言，生活在高纬度、高海拔地区的体型要更大，因为气温更低，散热效率也就可以低点。

2006 年，美国佛罗里达大学的研究人员就发现，不同体型的恐龙体温差别巨大，小型恐龙平均体温也就在 25 摄氏度左右，但大型恐龙的体温就高出很多。雷龙是一种奇葩，幼年时体温不过20摄氏度左右，成年后体重可达15吨—20吨，体温也就跟着噌噌上去了。

这些研究人员还给恐龙体重画了条线，600千克以下体温还正常，600千克以上体温就开始飚。好在至今还没有记录过重600千克的人，人类体温还算控得住……

除了表面积，动物骨头的横截面也是与体型成平方关系增加的，这就意味着体型越大的动物，肢体负担越重。所以猫狗等小型动物的脚爪非常细、非常萌，大象的腿可就粗得跟房柱子一样，跟自己的体型比起来也显得很粗。

对陆地生物来说，体型超过一定极限就会压断自己的腿。有动物园让公狮子与雌老虎杂交生出狮虎兽，因为限制生长的基因不配对，导致其体型受限小、体重可达800斤，坊间甚至有其能无限生长的传言，这种生物的四肢就更容易被压受伤。

所以巨大动物往往出现在水里，依靠水的浮力支撑起自己巨大的体重。蓝鲸体重可达180吨，是历史上最大的动物。中国科学院古脊椎动物与古人类研究所通过化石发现，历史上最大的陆生哺乳动物叫准噶尔巨犀，大约生活在4000万到2200万年前，最大不过20吨，跟蓝鲸没有可比性。

对四脚着地的哺乳动物来说，体型大还意味着脑袋离地面高，血压就得高。直立行走那一章提过，长颈鹿身高5米左右，为了把血泵到这个高度供给大脑，其心脏重达11千克，是人类心脏重量的30倍之多；血压高达220毫米汞柱，是人类的2.5倍。但长颈鹿并没有因此得心血管疾病，原因就在于它有个特殊基因FGFRL1，该基因能保护心血管。2021年3月，一个中国—丹麦联合研究团队将这一基因剪辑给小鼠，发现小鼠也变成了能抵御高血压的超能鼠。但野生动物可享受不到这待遇，一直长大就会有危险。

体型大，还意味着要进食的量大。为什么一山不容二虎？因为老虎每天要进食大量肉类，一个山头的小动物们也就够一只老虎吃的，非要放上2只的话那2只都吃不饱，都饿得瘦骨嶙峋。黑龙江东北虎林园曾经统计过，东北虎虎均寿命15岁，8岁时食量达到顶峰，每年要吃掉将近2吨的肉食。

海中的蓝鲸每天要吃掉5吨多重的食物，光磷虾就日啖4000万只，所以即使在全球禁止捕鲸后，全球蓝鲸的数量也不过三四千只，再多了海洋都养不起……

因此，在生命的进化之路上，体型过大的动物容易灭绝，体型过小的动物很容易遇到发展天花板，只有适中的体型好活下来并

繁荣昌盛。2017 年，美国俄勒冈州立大学的研究者们对 27000 多种濒危动物进行了考察，发现体型过大或者过小的动物面临的灭绝风险都挺高，倒是体型处在中间的动物更容易活下来。

这些研究者们颇有幽默风范，仿照宇宙学的"宜居带"概念发明了"宜居体型"这个词，用来指代不大也不小、最适合生存的动物体型。

宜居体型的概念与人类活动息息相关，是人类侵占了动物们的不少栖息地，体型太大的动物食物不够、体型太小的动物迁移不远，这二者都对栖息地依赖程度过高，也就更容易灭绝。只有那些中不溜的，吃得不多、跑得还远的，才能生存下来。但在人类出现之前，这种栖息地退化的事情并不罕见，中庸本来就是保命之道。

灵长类内部排名：
人类不虚

人类就是这种中等个头的代表。人类的体型超过大部分经常接触的动物，再加上直立行走带来的身高优势，能从上往下利用重力搏斗，所以能在很大程度上避免成为狼、鹰、狸猫等掠食性动物的猎物。甚至人类还通过高超的社会性技巧抓了狼崽子，通过一代代筛选培育成了今天的狗，如果没有体型优势这是完全不可能想象的。

人类驯养的宠物与牲畜中，肉食性的狗和猫体型都比人类小不少，牛马比人类大却是植食性的。这是因为，如果吃肉宠物体型太大的话，人类将无法控制，也就无法确立主从关系，反而有可能变成食物与猎物的关系——人是食物。

只有在人类对猫狗完全确立主人地位的今天，才能培养出巨型犬当宠物，因为已经经过筛选，留下的都是性格温顺的个体。可以说，个头是人类能在动物竞争中胜出的一个重要因素。

除了对猫狗豺狼的外战，人类的体型在灵长类家族内卷中也很

有优势。2021 年，美国华盛顿大学伯克博物馆的研究者发现了迄今为止最古老的灵长类化石，命名为麦氏普尔加托里猴。这种猴子体长不过 15 厘米，体重只有 37 克，却生活在 6590 万年前与恐龙同场竞技，靠的就是独特的大拇指让手掌具有抓握功能，能轻松在树上攀爬躲避体型巨大的食肉恐龙。

这种猴子就是灵长类动物的祖先。随着 6500 万年前那颗小行星撞击地球导致恐龙灭绝，灵长类大家族开始繁荣昌盛，生存压力也越来越从外敌转移到了内卷。这时体型的差异就体现出来了，个子小的灵长类更灵活，可以爬到更细的树枝上。它们的食量也小，光抓昆虫就能够吃饱。个子大的灵长类就不行了，需要更多地吃叶子与水果，因为昆虫抓起来太耗费体力，要吃昆虫吃饱都不够能量消耗的。1980 年，美国动物学家弗里格对同域分布的七种新大陆猴进行研究，发现体型小的更容易跑到树冠上跳来跳去，体型大的主要在下边的树枝上爬来爬去。

但体型大自有好处，其中之一就是脑容量增加。同为灵长类，狐猴脑容量就只有黑猩猩的十六分之一，脑细胞更是少得可怜。就好比计算机，内存大了未必好，但内存太小了一定啥都带不起来。

需要指出的是，体型与脑容量的增加走的是两条路线。2021年，南京师范大学的研究者检测了 150 个与脑容量相关的基因，发

现其与神经元间信号传递、外部刺激的感知和视觉进化有很大关系。相比之下，体重与体长的基因则与甲状腺素分泌、脂肪酸氧代谢等有关。体型太小明显没法支持太大的脑容量，体型足够大是脑容量大的前提。

人类的祖先是古猿，这在灵长类动物中属于体型较大的分支，也属于能打架但不是很容易混饱肚子的一支。250万—300万年前，随着森林退化成草原，我们的祖先古猿离开树枝到地上生活，从此与抓虫子吃的猴子彻底分道扬镳，并逐渐进化成了今天的样子。

有意思的是，到了草原上之后，人类的体型还是在逐渐增大的。2021 年，英国剑桥大学和德国蒂宾根大学联合研究团队对比了 300 多块、时间跨度近 100 万年的人属化石数据，发现我们的体型比早期人类大得多，脑容量也比生活在 100 万年前的人类大 3 倍。中国科学院古脊椎动物与古人类研究所也测量了在中国出土的化石，发现在几万年前的更新世晚期，生活在中国的古人类男性人均身高也就是 159 厘米，比今天矮不少。

这一团队又拿这些数据对比了这一百万年的气温、降水等一系列数据，发现气候在人类的体型变化中起很大作用。我们现在处于间冰期中，气候温暖湿润才让人类体型得以长大。

所以说，是人类祖先的优良基因加上气候的偶然因素，让人类拥有了今天的个头，大到足以对付绝大部分常见动物，同时也没有大到每天需要花七八个小时吃东西。

现代文明下，
个头还在长

　　在人类建立现代文明之后，体型又增大了。这点在过去 100 多年体现的尤为明显，农业生产力的发展极大丰富了人们的餐桌，让人们能长到自己基因给定的高度，不会因为原料不足而影响身高；同时为了减肥，人们的体育锻炼时间变长，在一定程度上刺激了骨骺，防止其闭合终止生长，让不少人身高超出了自己的基因限定。

　　前边说过一山不容二虎，现代人生活水平高，消耗的食物资源未必比老虎少。2015 年，英国有家叫"素食计算器"的社会组织，在自己的 Facebook 页面上公布了人均一生食肉量：11 头牛、27 只猪、30 只羊、80 只火鸡、2400 只鸡、4500 条鱼，以及数量不等的兔子、鸭子、鹅、鱿鱼、虾等。

　　这一数据是根据英国人的饮食习惯估算的。各国自有国情在，要切换到中国，估计总数会少一些，但猪、鸡、鸭、鹅、虾的占比会高很多。做菜这方面我们比英国人不要强太多，红烧肉、回锅

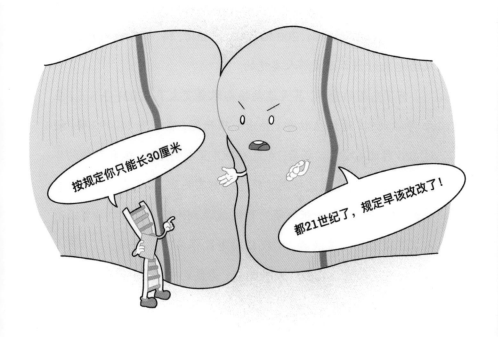

肉、白斩鸡、双流兔头、啤酒鸭、老鸭汤、清蒸皮皮虾……都是国粹嘛！

无论是哪种，人类的食谱都是任何一种野生动物望尘莫及的。能吃到这么多好吃的，主要在于人类智商超群，并利用高智商建立了现代农业、畜牧业。老虎想打只鸡吃，只能在领地山头上晃晃碰运气，万一鸡今天不出门，老虎还不好打到；人类则有一整套的流水线养鸡、杀鸡、吃鸡。据联合国粮农组织统计，目前世界上大约有7亿头猪、17亿只鸭、200亿只鸡，这些猪、鸭、鸡又能不断繁衍，滚动起来好好养还是够人类吃的。

有了充足的营养，甚至连动物都跟着变大了。2021年8月，生命科学期刊《通讯生物学》登出一项研究，在调查140499项、超过100种北美哺乳动物后，发现在城市里明明更热，哺乳动物的体型却变大了。研究者们推测这跟吃得好有关系，毕竟在城市里动物能翻垃圾箱，要长一张萌萌的脸还能找到人喂。美国纽约曾经有人装了摄像头拍流浪猫，发现猫对老鼠根本不感兴趣，因为有人喂，实在没人喂还能去垃圾堆翻翻；老鼠也吃成了小胖墩，并不是很怕猫的样子。

从某种意义上说，合适的体型支撑了人类的高智商，高智商又推动了现代工业、农业、畜牧业，让人类提高生产效率、保持合适的体型。但这一切都建立在和平安定这个大前提下。2021年，波兰学者翻史料，梳理了在第二次世界大战中出生的波兰人的身高，发现比战后出生的波兰人矮了一些，战争造成的营养不良应当是主因。

和平来之不易，甚至能体现在人类的身高里。

第 四 章

什么，
人的体脂率比猪还高?

—— 肥胖藏在我们基因里

每到换季时，人总会遇到一些无奈。

比如去年的裤子今年都穿不上。去年的休闲裤，今年腿都伸不进去；去年的宽松短裤，今年穿上去像紧身裤；去年的牛仔裤……噢，我已经多少年没有穿过牛仔裤了，就是因为扣不上。

那么问题来了，人为什么一吃就胖呢？

节俭基因假说：
变胖藏在我们的基因里

你或许听说过"节俭基因假说"。这是美国遗传学家詹姆斯·尼尔于 1962 年提出来的，他认为人类祖先是很难获得稳定的食物供应的，所以那些吃了容易长脂肪的个体就更容易度过饥荒、存活下来并留下后代。经过一代又一代的梳理，容易长胖的基因自然就留在我们身体里。

60 多年过去了，这一假说依然是假说，但其基本方向已经在很多实验中得到证实。肥胖本质上是个代谢问题，也是个小学加减法问题。当人类摄入的能量大于消耗量时，多余的能量消耗不掉，就只能堆积起来形成脂肪。人类代谢过程由大量基因参与调控，只要有一项异常，就可能导致结果异常，人就越来越胖。

科学家已经发现大量的与肥胖相关的基因，这些基因作用千差万别，但基本上都是调节代谢过程的某一段。比如，从 2013 年到 2019 年，新疆医科大学的研究者调查了在其附属医院住院的 1127 名患者，对他们的基因进行测序，发现 2 个名为 rs9370867 和

rs2072783 的基因位点变异与肥胖关系较大，基因为 G 型的人比 A 型的人更容易肥胖。这两个基因位点是调节低密度脂蛋白含量的，参与诱导型低密度脂蛋白受体降解蛋白的形成，这种蛋白简称 IDOL，所以这两个基因又叫爱豆基因……

2022 年 6 月，来自北京大学、清华大学、山东第一医科大学附属省立医院的团队也发表新发现，位于 OTUD3 C.863G 上的基因可以调节去泛素化酶的产生，其异常也会导致糖尿病与肥胖。

太平洋上有处风光无限的萨摩亚群岛，在研究代谢与肥胖的科学家看来，简直是个天然的样本宝库，因为这里的肥胖率高到吓死人，满大街都是体重超标的人，坐飞机出行经常要一个人买两张票那种。世界肥胖联盟于 2013 年在这里找了 3721 名居民做调查，发现女性肥胖及超重率高达 82.6%，男性达到 81.2%，连青少年都达 58% 以上。

经过基因测序，研究者们确定，很多萨摩亚人的 CREBRF 基因发生了变异；把这一突变用在小鼠身上，则携带这一突变的小鼠脂肪细胞效率更高，能存储更多的脂肪。

关键是，萨摩亚人也是 3000 多年前迁移过去的，他们甚至在一个世纪前留下的照片还是正常体型。一个合理的猜测是，萨摩亚群岛毕竟是岛屿，地少而且人们在岛屿之间走亲访友只能靠划船，那些携带了这一突变，身上更能储存脂肪的个体也就更容易存活并产生后代。几千年过去了，他们的后代就占据了大多数，吃的热量高了更容易胖。

偏偏过去这几十年全球食品工业进步神速，萨摩亚人也吃上了高糖高热量的现代工业食品，出行也坐上了飞机，再也不是过去那种划个独木舟、带点干粮串岛屿的节奏。吃得更多、消耗更少，于是这一基因突变的副作用显现出来，萨摩亚人的体型也就噌噌往上涨了。

萨摩亚人的遭遇，只是全球人类经历的一个缩影。首先，远古人类的食物摄入量和储存量跟今天没法比，饿肚子是常态，能把吃下去的食物以最高效率转化为脂肪的人更有可能存活下来繁衍后代。

再加上人类有长途迁徙的历史。目前主流学说认为人类祖先是诞生于非洲、逐渐扩散到全世界的。也有不少人类学者认为，北美原住民印第安人应当是亚洲人的后裔，他们的祖先是通过白令海峡上形成的路桥迁移到美洲的。如此漫长的旅途，更提高了体内脂肪的地位，谁说那是脂肪？那明明是长在身上的干粮！

人体内有不少支持这一猜测的证据，其中最典型的莫过于人的体脂率。体脂率指的是脂肪占身体总质量的百分比，成年男性体脂

率正常值在 15%—18%、女性则在 20%—25%，这在整个灵长类家族中算是天花板了，别的灵长类体脂率不过 9% 左右。

动物中也有体脂率跟人相近的，那就是猪。1996 年，国际期刊《动物科学》发表一项研究，研究团队解剖了 48 只母猪，再通过双能 X 射线进行探查，发现其体脂率在 9.3% 到 24.3% 之间，平均值则是 18.2%，跟人真的很贴近……哎呀，搞得我都不好意思说自己胖得像头猪了，没准猪都没我胖！

2019 年，杜克大学的斯文·伦茨教授团队进一步研究发现，与其他灵长类动物相比，人类把白色脂肪转化为棕色脂肪的能力要弱。棕色脂肪也叫褐色脂肪，主要是用来燃烧耗能的；白色脂肪就是我们熟悉的、捏捏肚子能摸到的那种脂肪，主要是用来储存多余能量的。伦茨教授团队对比了人类、黑猩猩和恒河猴的基因，在人类缺失、后两者都具有的 780 处基因片段中进行了搜索，终于发现了能将白色脂肪转为棕色脂肪的基因。

这一发现对"节俭基因假说"是个有力的支持，目前这一假说虽然未得到验证，但接受的人越来越多。

其次，过去这几十年里，吃的食物更多、热量更高可以说是全球共同的趋势。这事比较复杂，单拎出来详细讲。

围绕糖的谎言与欺骗

　　去超市的时候，不妨在酸奶、可乐、面包的货架前停留一会，翻翻它们的配料表。你会发现有一种物质出场率高得出奇，那就是果葡糖浆。只要有甜味的食物和饮料基本都有它，大家下午总要来一杯的奶茶也不例外。

　　可别被名称骗了，果葡糖浆里没有水果更没有葡萄，有的只是糖浆。其实果葡糖浆的英文叫 High-fructose corn syrup，直译是高果糖玉米浆，这就很好地揭示了它的前世今生，是玉米做的、富含果糖的浆汁。也有的地方红薯产量高、玉米少，就用红薯淀粉替代，效果是一样的。

　　果糖和葡萄糖孰优孰劣，在营养学界是没有定论的。但相比葡萄糖，果糖有一个显而易见的优点，那就是它实在太便宜了。仅2021年，全球就生产了11.29亿吨玉米，人均能分到250斤以上；其中美国和中国又分别以3.58亿吨和2.61亿吨的产能高居榜一榜二的位置，中国还有大量的红薯。有了这么多淀粉作原料，果葡糖浆的价格低到吓死人，即使到今天一吨都不过四五千元钱，折合

下来一斤两元钱。

所以果葡糖浆占领市场的速度很快。1951年美国糖业研究基金会申请转化糖浆专利，此后美国就建起了一座座工厂，一吨吨玉米从一头送进去、一桶桶糖浆从另一头流出来，光从1975年到2000年，全球果葡糖浆产量就翻了十几倍。

美国制糖业有个超大型企业叫帝国糖业，成立于1843年，从最早的蔗糖到后来的果葡糖浆它都生产。在美国东南一角的佐治亚州温沃斯港，曾经就是帝国糖业的一个巨型工厂所在地，糖浆从这里源源不断地被运往全世界。

便宜是果葡糖浆的优点，也是其主要危害所在。糖是能量来源，嗜糖是大部分动物的本能，加糖的食物味道能好很多。为了产品大卖，各家食物与饮料生产商都拼了命地往里加糖，导致平时大家摄入的隐形糖分越来越多。据美国心脏协会统计，美国成年人平均每天摄入大约77克糖，超过推荐量的3倍多，每年高达28千克，是一个健康人体重的1/3到1/2！中国人也不遑多让，2008年一项调查显示，每年人均摄入19.6千克糖，14年过去了还不知道增长多少，没准已经跟美国人不相上下了。

身体摄入的这么多糖，又会被消化吸收进我们的血液里变成血糖。有些人的胰脏随后会分泌出胰岛素，将血糖搬运到肝脏等

处储存起来，人就长胖了，也更容易得脂肪肝。

有些人的胰脏胰岛素分泌不足或者身体存在胰岛素抵抗，糖分停留在血液里，就会和全身细胞蛋白质反应，导致蛋白质变性，这就是糖尿病。

无论哪种结果，都会对人体造成巨大的伤害。医学上已经确切证实，过量摄入糖是肥胖的重要诱因，肥胖又是高血压、高血糖、高血脂的幕后黑手，长期"三高"的直接后果就是血管损害，冠心病、脑中风随时都可能来。

这可不是什么新鲜的研究结论，早在 20 世纪 60 年代，伦敦

大学伊丽莎白女王学院营养学教授约翰·尤德金团队就开始给小动物们喂糖喂精制米面，后来发现被喂的小兔子、小鸡、小猪都胖了不止一圈，甚至志愿当被试、天天大口灌糖的学生都胖了。于是尤德金教授在 1972 年出版了一本书，书名直译过来叫《又纯又白又要命：糖如何杀死我们，我们又如何应对》，明确指出过量摄入糖分是提升大家腰围的凶手。

但那个年代欧美学界流行的是"脂肪肥胖论"，认为过量摄入脂肪和胆固醇才是肥胖的主要原因。在尤德金教授出版这本书 7 年前，颇具声望的《新英格兰医学杂志》登出一篇 3 位哈佛大学教授署名的重磅论文，就把这口大胖锅扣在了饱和脂肪酸头上，并依靠作者团队的权威统治营养学界几十年。1980年美国政府首次推出全国膳食指南，建议公众减少脂肪和胆固醇的摄入，但没有提糖类一个字。1995年，尤德金教授去世之时，英美的"健康"还约等于"低脂"呢。

那3位哈佛教授做研究是拿钱的，背后的大甲方就是美国糖业研究基金会。至于为什么3位得出"脂肪肥胖论"，你猜猜跟这资助有没有关系？

直到2009年，加州大学一位叫罗伯特·鲁斯梯希的教授发布演讲，并在YouTube上一举爆款，才在公众中普及了糖导致肥胖的知识。2016年，《美国医学会杂志·内科学》发出文章，终于把美国食糖研究基金资助这段历史公之于众。这时几位参与者都已作古多年，美国帝国糖厂也在2008年的一次爆炸事故中导致14人死亡、38人受伤，面临巨额赔偿，并在2012年被收购。

据报道披露，那3位大咖也只不过收了5万美元，虽然是20世纪60年代的5万美元。1篇论文、3个人、5万美元，让美国甚至全世界在遏制肥胖的问题上走了弯路，不知道多产生多少个体重超标的人。

现代人很胖，
后果很严重

这条弯路的后果很严重，因为跟肥胖相关的问题实在太多太多了。在历史上的任何时期，人类都没有像今天这么胖过，很多此前没有想到过的关联也纷纷出现。肥胖会导致"三高"的知识已经普及，本章就给大家讲点相对不为人知的联系。

睡眠呼吸暂停

如果你睡觉打呼噜，而且打起来呼噜震天响，那可要注意自己的体重了。打呼噜是俗名，这一症状还有个比较触目惊心的学名叫"睡眠呼吸暂停"，最常见的成因之一就是上呼吸道在睡眠时阻塞，不信你问问打呼噜的人，是不是有过被憋醒的经历？

北京大学第三医院与中国人民大学的研究者们曾收集174位成年患者的数据，结果发现体脂率、BMI、颈围、年龄等对睡眠呼吸暂停均有影响，特别是在成年女性中，体脂率甚至能起到决定性作用。直白一点说，就是人太胖的话，容易睡觉憋着自己。

不孕不育

如果你新婚不久打算备孕，不妨也注意一下自己或者另一半的腰围。2016年到2018年，成都市妇女儿童中心医院对128例继发性不育男性进行了研究，将其按体脂率15%和20%两个分界线分为三组，比较了精子浓度、精液量、精子前向运动率等指标，发现中间组的表现最好。通俗点说，太胖或者太瘦都可能影响男性的生殖能力，但放眼今天的大街上，哪里还找得到太瘦的人？

基础疾病

对一些有基础疾病的患者，肥胖更是大敌。南京医科大学附属医院曾对81名异基因造血干细胞移植患者做过调查，发现肥胖组的一年生存率竟然只是非肥胖组的一半左右。他们很痛心地得出结论，对异基因造血干细胞移植患者来说，肥胖是生存的重要不良影响因素，有必要改进疗效。

新冠

在疫情肆虐的那几年，对抵御新冠病毒来说，肥胖也不是什么加分项。早在疫情刚暴发时，就有人研究发现，新冠病毒要进入人体细胞，需要一个关键受体——血管紧张素转换酶-2，简称 ACE-2。而脂肪组织中 ACE-2 的表达水平高于肺组织,理论上可能增加肥胖病人对该病毒的易感性。

肥胖基因关联

　　除直接导致疾病外，肥胖相关基因与很多疾病有很高的相关度。吉林大学有学者研究了 1498 个与肥胖相关的基因变异，发现其中 17 个与 51 处局部脑区体积大小有关，这些脑区又和中央自主神经网络、情绪认知系统、视觉识别网络、听觉识别网络和感觉运动系统等神经网络系统相关。

　　有一个著名的肥胖相关基因叫 FTO，这个基因被不同的研究者发现与不同的疾病有关联，在神经系统可能参与胶质母细胞瘤的形成，在骨骼系统则可能导致膝盖骨关节炎，至于糖尿病、抑郁、免疫缺陷就更常见了。

　　与肥胖关系最深切的基因，莫过于糖尿病，二者都是代谢问题，也都会对人体造成巨大的伤害。为查清肥胖与糖尿病的关联，2013 年美国哈佛大学医学院与德国马克斯·普朗克进化人类学研究所等机构在拉丁美洲调查了 8000 多名居民，意外地发现其中一半人含有 SLC16A11 基因，这是会影响脂肪代谢的。问题是，尼安德特人在 40 万年前到 3 万年前生活在古代欧洲，这个基因被认为

081

主要存在于他们体内，而他们与我们人类的祖先智人是竞争对手，已经被智人消灭干净了……

一种合理的解释是，智人在与尼安德特人打打杀杀的过程中，双方也存在性与基因交流。我们的确是智人的后代，但我们身上也流着一部分尼安德特人的血。

或许你还在有的科普号上见过适度肥胖有益的说法。他们常举的一个例子就是体脂率轻微上升时，骨密度会跟着窜一窜。这种说法有一定道理，轻度肥胖者白色脂肪增多，多分泌的脂肪因子作用于骨细胞，确实会加速骨细胞的合成。

一旦人的体脂率超过33%，那就是另外一个故事了。脂肪太多会导致人体激素水平改变、炎性因子增加，这会对骨微结构造成破坏，从而引发骨质疏松、骨关节炎、椎间盘退化等一系列疾病。太原理工大学和山西省人民医院的专家们曾经对130名各年龄段的人群的腰椎进行骨密度测量，发现无论是哪个年龄段，过度肥胖的人都有骨量减少的问题。

肥胖就是肥胖，只有轻度、重度而没有适度。

请注意，在吃的这部分我说了吃得更多、热量更高，但没敢说吃得更好。为什么呢？因为吃的食物热量更多完全不等于更好，反而更可能营养不良。这个不难理解，一些肥胖患者的膳食结构极

其不合理，喜欢吃高脂、高热量的肉和甜品，至于蔬菜水果尝都不尝一口，而人体需要的许多营养物质是这些令人快乐的食物里没有的。

这点在挑食的中小学生群体里尤其明显，"小胖墩们"去体检往往查出体内缺少各种维生素，再加上运动少，缺少维生素 D 最为典型。美国作为发达国家就更明显了，那些靠食物券生活的穷人往往都是超大胖子，就是因为食物券只管吃饱、不管吃好，提供的都是些高热量食物。

或许有人要问了，既然找到了肥胖基因，那通过基因编辑技术将肥胖基因从人体内剪掉不就不肥胖了？这个问题科学家们一直在探索，但限于科学伦理，没人敢拿真人做实验，目前还停留在小白鼠阶段。IRX3就是一组多动物都具有的基因，参与多种器官和组织的发育与形成，包括神经系统、循环系统、泌尿系统和肢体等，其组内3个位点的甲基化突变已被证实与肥胖有关。于是有研究团队敲除了小鼠的这些基因，发现小鼠基础代谢增强、能量消耗水平高，体重出现明显下降；把小鼠解剖看一看，也发现小鼠脂肪组织变少、脂肪细胞尺寸也出现了缩小。

但这一技术从动物实验到应用给人，还有很远一段距离。科学伦理禁止对人类进行基因编辑，这是有着深远考虑的，因为人类在基因科学上还有太多的未知，不敢轻举妄动。

就拿脂肪代谢的调控基因来说，脂肪代谢慢、积聚太多不行，脂肪代谢太快、积聚太少同样不行。2014年，著名的TED演讲会邀请到一位名叫丽兹·维拉斯科茨的嘉宾，这位25岁的姑娘体重只有50多斤，看起来骨感到吓人。在参加演讲会之前，丽兹姑娘甚至因为自己瘦骨嶙峋的外表经历过网暴，有人把她上学、参加学校

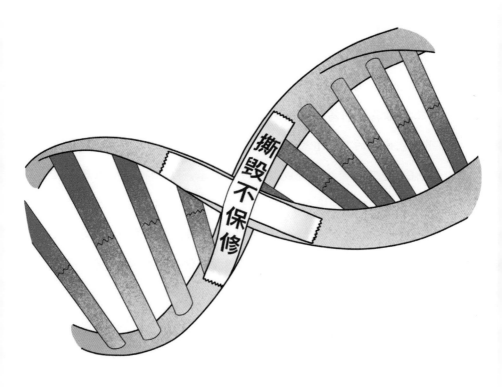

　　啦啦队、出去蹦蹦跳跳的视频和照片都剪辑到一起，给她安了个名号"世界上最丑陋的女人"，弹幕里有人说要烧死她，有人问她父母为什么要把她养大，还有人让她出门最好在脑袋上套个袋子，省得吓到人。

　　插一句题外感慨，美国一些网民的素质的确堪忧。

那条视频播放量超 400 万次、留言有几百条，内心无比强大的丽兹竟然一条条翻着看完了。在痛哭一场后她开始反击，开了自己的 YouTube 账号，并开始讲述自己得的疾病与抗病历程。

丽兹得的叫马凡氏—早衰—脂肪代谢综合征，她位于第 15 号染色体上的 FBN1 基因发生突变，导致她脂肪代谢异常而无法将任何吃下的营养转变成脂肪存储起来。为维持生命，她只要醒着就要每 15 分钟进食一次，每天要吃 60 多次饭，但依然瘦骨嶙峋。这种疾病甚至导致她右眼失明并影响她的心血管系统，好在医生确诊后控制了她的血压。今天的丽兹还健康地生活着，为反网络暴力而不断发声。

丽兹的先天性疾病是自身基因所致，但如果贸然把基因编辑技术应用于人体的话，谁能保证被敲除脂肪基因的人不会出现脂肪代谢紊乱？人不是实验品，一旦出现基因编辑失败，那谁为被基因编辑的人生负责呢？

所以如果有人想靠基因编辑避免肥胖，估计有的等了。在基因编辑技术能应用给大众之前，少吃多运动才是减肥的主要手段。

别偷懒。

第 五 章

还真有过实验，
人的胃液能消化刀片
——消化系统的韧性

一个秋阳暖照的午后，你在窗边就着外景喝下午茶。你轻抿一口杯中的卡布奇诺，觉得味道还行，又拿起小盘子里的巧克力蛋糕轻轻咬下，味蕾顿时得到了双重满足。对面坐着你刚结束一段高谈阔论的朋友，也端起手中的柠檬红茶杯喝了一口，你在空气中都仿佛能闻到那股淡淡的柠檬香气。对你来说，这不过是一个忙里偷闲的下午；对生命本身来说，这却是一个几十亿年才实现的奇迹。

你喝的咖啡里含有大量的能直接作用于神经中枢的生物碱，足以改变猫、狗、马在内的很多动物的呼吸与心跳频率，严重时直接死亡。1948 年，药理学家彼得·威特 (Peter Witt) 给蜘蛛喂了万分之一克的咖啡因，结果蜘蛛网都织得凌乱了。

同样的，你吃的巧克力里含有可可碱，能扩张血管、降低血压，猫狗吃了都可能出现中毒迹象，甚至毙命。

你朋友喝的是柠檬红茶，其中柠檬汁液 pH 值在 3 到 3.5 之间，能腐蚀掉铝、铁在内的金属，你却任其穿过喉咙、食道，进入胃里并最终被吸收到血液中，还毫发无损，活蹦乱跳。

这一切对很多动物来说都是要命的东西，对人类来说却是再普通不过的食物。毫不夸张地说，作为动物食客的天花板，人类在拥有极其丰富的食物资源的同时也拥有一个强大的胃，或者说一个强大的消化系统。

胃的强大

呕吐的滋味可是很不好受。胃里翻涌上来的食物重新进入口腔那一刻，带来一股浓浓的酸味儿，让人整个口腔都有种烧灼感。打扫呕吐物时就更难过了，远远的都能闻到倒牙的酸味儿。

这是因为我们的胃就像个容器，里边盛着含盐酸的胃液。平时胃液里盐酸浓度很高，其 pH 值为 1—2，山西人蘸的老陈醋够酸了吧，pH 值也就 2.9，胃酸的氢离子浓度是其 10—100 倍！笔者上中学时赶上《三重门》大卖，里边仿照"肺腑之言"造了个词"胃之言"，用来形容酸溜溜的贺词，想来竟是十分贴切。

胃酸可以说是动物的标配，用来把固体食物溶解、消化成糊糊，但不同动物的胃酸酸度有一定差别。一般来说，动物需要溶解消化的食物越硬越复杂，胃酸就越酸。食草动物只需要消化植物，且胃里需要有大量细菌帮助共同完成消化大业，胃液 pH 值就在 3—5，也就是个不太酸的果汁水平。

食肉动物经常生吞活剥，需要消化骨头，胃酸就在 2—3，跟苹果醋差不多。别问我为什么食肉动物不能细嚼慢咽剔骨头，绝大部

分这么干的食肉动物都抢不过别的动物，已经灭绝了。

食肉动物中有个比较奇葩的类别叫食腐动物，同样是吃肉，但吃的是别的动物吃剩下不要的腐烂肉，臭是臭了点，生命危险可是大大降低了。非洲的鬣狗、秃鹫就是典型，经常围着狮子吃剩下的斑马尸体大快朵颐，还互不干扰。这类动物的胃酸就要更高，因为不仅得消化得了骨头，还要能杀灭腐肉上滋生的细菌。

杂食动物的胃酸就没有统一标准，因为食谱差别太大。在杂食动物这个大类中，人类的胃酸是可以跟食腐动物一战的，理论上足以融化金属。

实际上人的胃酸也确实能融化金属。20世纪90年代，美国克利夫兰市的一家医院里，几位外科医生为了测试人类吃下去的刀片在胃中的反应，做了个实验，把剃须刀片、纽扣电池以及美分硬币分别放入37摄氏度的模拟胃酸环境中，结果2个小时后，剃须刀片上的加厚层已经消失得无影无踪。

15个小时后，剃须刀片变得脆脆的，取出来轻轻一折就断。

24小时后，剃须刀片拿出来称一称，只剩下放进去时63%的质量了。

猜测应该是有镍等金属涂层的原因，与剃须刀同入胃酸地狱的纽扣电池和美分硬币未能同生共死，24小时内基本完好无损。这不是坏事，万一有人吞了纽扣电池进去，至少内容物不会泄漏出来，给人带来更大的危险。

特别提示，千万不要为了好奇而吞噬任何异物，哪怕是快被溶解完的刀片依然有危险。再次强调一下，那几位美国医生是在体外模拟胃酸环境做的实验，谁也不敢让真人吞刀片。

胃酸这种强酸只能在胃里待着，一旦到别的脏器那里就是触者

落泪、碰者伤心。所以在医学上，胃穿孔是个急症，得赶快去急诊，查一查跑出来的胃酸有没有伤害到别的脏器。

那胃怎么就这么强大呢？

太短不看版：胃里有一层胃黏膜，能抵御强酸，保护胃壁。

详细展开一下，如果把胃看作一个口袋，那这个口袋壁有3—5毫米厚，最内侧有一层0.5—1毫米厚的膜，就叫胃黏膜。这

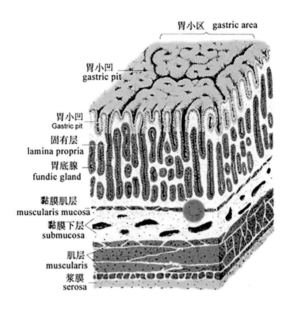

胃小区 gastric area

胃小凹
gastric pit

胃小凹
Gastric pit

固有层
lamina propria

胃底腺
fundic gland

黏膜肌层
muscularis mucosa

黏膜下层
submucosa

肌层
muscularis

浆膜
serosa

不到 1 毫米厚的膜又分为五层, 最里边的一层叫胃小凹, 特点是褶子尤其多。下次吃猪肚时仔细观察一下, 里边也是皱巴巴的, 就是这一层胃小凹。

褶子多不难理解, 这一层是直接跟食物短兵相接的, 越凹凸不平, 表面积就越大, 也就更能从同样的食物中榨取更多营养出来。别看胃就那么大一点, 胃黏膜都扯平的话面积可达 0.8 平方米, 约

等于 13 张 A4 纸。

紧连着胃小凹的那两层就是各种腺体，相当于一根根管道，主要作用是分泌酸液、供小凹同学消化用。腺体下边叫黏膜肌层与黏膜下层，这两层是个瑜伽高手，弹性很强，让胃能随着食物的多少变大变小。

千万别小看这个变大小的能力。能变大，就不怕撑着，防止一旦吃多了就把胃撑破的悲剧发生；能变小，就不怕变形，防止一次吃多胃回不来，以后食量一直变大。所以人的胃不仅像个皮口袋，而且像个橡皮筋做的皮口袋。

人吃多了，胃能膨胀到平时的 2 倍左右，这时基本就是极限，再吃的话胃真有胀破的危险。直播间里的那些大胃王，有些属于天赋异禀不惜命，还有些干脆就是吃了吐糊弄人。

1997 年，本溪一家医院在给一位十二指肠溃疡患者做手术时发现，这位患者胃壁肌层先天性缺损，只靠胃黏膜里的肌肉维持胃的弹力，依然保持了健康，直到 41 岁做手术时才被发现。胃黏膜的强大可见一斑。

如此强大的胃黏膜，还是一个懂得分寸、知道进退的谦谦君子。每 3—5 天，胃黏膜细胞就会更新一次，把受损的细胞换掉、换上全新的细胞继续工作。被替换下来的胃黏膜细胞会脱落、进入消化系统被消化掉，为人体做出最后的贡献，资本家看了都流泪。

进化造就了很多奇迹，胃黏膜就是一例。后边还会看到另一层对人体至关重要的膜，比胃黏膜还薄，却能分成十层之多。

消化系统强大
与杂食有关

胃的强大与人的杂食性关系很大。但同样是杂食性动物，食谱也是各有差别。乌龟是杂食性动物，有时吃小鱼小虾，有时吃树叶泥巴，还有人给家养乌龟喂玉米的，乌龟吃得嘎嘣嘎嘣倍儿香。

黑猩猩也是杂食性动物，有时候摘果子吃，有时候拿个棍去钓白蚁吃。

狗也是杂食性动物，有时吃肉，有时吃屎……

在所有的杂食动物中，人类食谱的广度毫无疑问地居于榜首。毫不夸张地说，人类食谱约等于蓝鲸、大白鲨、老虎、猴子、狼、乌龟等地球常见动物食谱的并集。

在一般的食物链上，分为生产者、消费者、分解者。在人类眼中，自己才是消费者，一整个食物链上别的家伙相对于自己统统是生产者。南极磷虾吃海藻，人类把海藻做成沙拉吃；蓝鲸一口吞掉上万只南极磷虾，人类把磷虾捕捞回来做成干吃；甚至连蓝鲸人类都开炮捕杀了吃。

当然，在环保与人道占上风的今天，全球基本只剩下日本人还在吃鲸。2019 年 7 月，日本恢复商业捕鲸，带着庞大捕鲸炮的船只又开始满世界乱窜，这可是引发了全世界谴责的。

我们并不鼓励大家吃野生动物。其实随着人类文明发展，人类的食物来源在广度上继续扩张的同时，也进行了一波又一波的优化，把一些营养价值低、可能带来一定风险的食物给别除出去，比如狼肉、虎肉，获取难度过高且无法保证安全，就不再登上常规食谱。

为了弥补这一缺陷，人类通过畜牧业不断改善养殖动物的肉质与出肉率，尽量满足自己的口福。对比下野猪与家猪的体型不难发现，野猪体型呈倒三角，前半身发达后半身小，是典型的适合打架的体型；家猪则相反，后半身占到全身质量的 70% 左右，是适合被吃的体型。鸡也差不多，原始的野鸡细瘦细瘦爪子尖尖，今天养殖场里的鸡体型浑圆，一看就知道谁更适合被吃。

在这一过程中，猪和鸡作为物种并不亏。在地中海的塞浦路斯岛上，有遗迹证明 11400 年前人类就把野猪跨越大海运到这里。今天英国每年都向外出口约克夏猪精液，用来与其他国家的猪杂交改善肉质。约克夏猪的祖先想破脑袋应该都想不到，自己的基因还能漂洋过海传遍全世界！

　　鸡就更是基因赢家了，目前全世界的鸡保守估计超过 200 亿只，这个物种的基因得到了极大的传承与扩散，6500 万年前称霸地球的恐龙或许想不到，自己的后裔正在以另外一种形式继续刷存在感。

　　有了这么多养殖品种，今天嗜好野味的基本只剩下极个别人了吧。

　　相比别的动物，人的食谱里还有一项特别的东西：熟食。早在

150万年前的人类遗迹中，就有用火的痕迹，烧熟食物则是人类用火的重要功能。

别管焖、煮、蒸、煎、炸，熟食首先能保证杀灭绝大部分细菌、病毒、寄生虫。鱼类等动物生活在水中，寄生虫尤其多，肝吸虫、裂头蚴都是能进入人体引发疾病的。就算海鱼也不是没有寄生虫，只是海水渗透压与淡水不同，常见的异尖线虫等海鱼寄生虫在人体内无法生存而已。所以生鱼片哪怕再可口，也还是要慎食，淡水鱼则根本不要做成鱼生。

但再牛的寄生虫也得靠蛋白质维持生命活动，温度到70摄氏度蛋白质就会变性。上锅一炒一煎一蒸，绝大部分寄生虫就死得透透了，没法再为非作歹，这就是用火吃熟食的第一项好处。

熟食还有一项好处是有助于吸收营养。动物消化食物的过程，本质上就是让蛋白质等营养物质分解，在自己体内重新吸收。经过高温变性后，蛋白质、脂肪等吸收起来方便多了，人类获取营养的效率也就提高了。

能提高多少呢？有研究者做过统计：灵长类动物大脑消耗能量极高。比如，人类的大脑消耗能量占全身的10%。大猩猩、黑猩猩的大脑中分别有大约280亿个和330亿个神经元，只吃生食的话，每天要分别进食8.8和7.3个小时才能满足大脑的营养需求；人类

大脑平均有 860 亿个神经元，进食的必要时间却大大缩短，如果想的话，15 分钟足以解决一日三餐。在这一过程中，熟食功不可没。

当然，吃熟食的动物不止是人，猫、狗也跟着沾了不少光。前边说狗遇屎吃屎，其实狗有点冤枉，家养的宠物狗哪还有吃屎的？就在 2021 年底，在意大利博洛尼亚附近发现了 13 坨有 3500 年历史的狗粪化石，在其中发现了羊、小麦和葡萄的基因，荤素搭配，还有餐后水果，也算个中等水平。

自己混得怎样，很大程度上取决于跟的老板怎样。

杂食的好处与坏处

　　杂食的好处，首先在于摆脱了对单一食物的依赖。

　　如果动物只摄入单一食物的话，那就意味着要接受这种食物所有的毒性在自己体内积累，并且毒性越积越多。这点在海洋生物中表现得尤为明显，2019 年哈佛大学研究团队研究了生活在大西洋西北部的大西洋鳕鱼，发现这种鱼类体内的甲基汞越积越多，其浓度在 21 世纪的前十年比 20 世纪 70 年代高出 23%。

　　这有点奇怪。自从 1953 年日本爆发水俣病以来，全球是很重视汞超标问题的，各国纷纷制定法律限制汞排放。20 世纪 90 年代以来，海水里的汞含量是下降的。那为什么大西洋鳕鱼体内汞含量还在上升呢？

　　秘密在渔船身上。大西洋沿岸各国对海域内进行了过度捕捞，导致鳕鱼能吃的物种变少了，只能以大型鲱鱼和龙虾果腹，而这两种动物的甲基汞含量是比较高的，至少比鳕鱼在 20 世纪 70 年代的其他猎物更高。这还只是单一食性的一个例子，累积的是甲基汞，累积的其他毒素的就更多了。

　　而且食物本身一旦发生变化，单一食性的动物也会面临很大的麻烦。比如大熊猫的食谱就高度单调，以竹子为主。2005 年西北大学有研究者调查了陕西省太白山自然保护区的大熊猫，发现这些家伙一年到头就吃竹子，春天啃竹笋，秋冬吃竹叶，春夏吃竹竿，它们的肠道也早已演化成了适合吃竹子的样子。竹子营养价值低，大熊猫食量就很大，每天能吃 15—20 千克的竹子，相比之下人每天才吃 1—2 千克食物。

　　这样一来可麻烦了，竹子一旦遇到个天灾啥的减产，大熊猫就不知道去哪解决下一顿饭，饿上一段就凉凉了。大熊猫濒临灭绝，单一食性要负很大责任。别看不起光吃竹子的，光吃肉的肉食动物也强不到哪去，食草动物灭绝的下一步，就轮到以其为食的食肉动物了！

不过杂食也并不都是好处。如果你有过牙龈出血、口腔溃疡等症状，去医院医生一般会给你开瓶维生素 C，或许还会嘱咐你多吃点新鲜柑橘之类的水果。但狗子、猫咪、小猪猪平时都不吃橘子，也没见它们口腔溃疡。

这个差别就在于，绝大部分动物是能够自己合成维生素 C 的，但人类的身体偏偏没有这个能力。要合成维生素 C，体内就需要古洛糖酸内酯氧化酶，但人类产生这种酶的基因积累了很多有害突变，已经徒有其表了。其实不止人，整个灵长类下的类人猿亚目，包括大猩猩和人类都没有这个能力，猜测是因为祖先采集果子方便，身体就不需要再保留这项机能，还能省点能量给别的能力。相比之下比较原始的原猴亚目，比如懒猴和狐猴，就依然保留这个能力，这说明类人猿和猴子分道扬镳已经很久了。

这么多动物的毒药
是因为人类对这个世界做了改造

翻翻生物进化史，会发现这个世界上出现这么多对动物有毒、人类却甘之若饴的食物绝非偶然。自然界的动植物来来往往、换了一茬又一茬，是人类占据统治地位后选择了那些对自己无毒又可口的动植物加以栽培，还要顺着自己能吃、爱吃的方向驯化，才塑造出这样一个对自己有利的世界。

就拿本章开头那些能毒死猫、狗、牛、马的咖啡和巧克力来说，一般认为咖啡最早生长于非洲的埃塞俄比亚及红海南部地区，最早是牧羊人发现其提神功效的。后来是因为其功效，才慢慢走进阿拉伯半岛，又通过海船、陆路走向全世界。

至于有的传说讲是羊先吃了咖啡豆，后来表现亢奋才被牧羊人发现，估计羊听了得笑死，羊根本就消化不了咖啡嘛！

同样的，巧克力的最基本成分是可可粉，可可树最早也不过偏安于拉丁美洲一隅，当地人摘下豆子，碾成粉做成糊糊喝。后来也是人类普遍觉得这个玩意苦苦的还挺好吃，才让可可搭上了远航

的海船。

如果这个世界上是猫、狗说了算，估计这些咖啡豆、可可之类的玩意儿不可能走出原产地，不就地销毁就不错了。

在传播自己食物文化的过程中，人类也在不断地驯化、改造这些植物。1.06万年以前，小麦不过是西亚的一株野草，因为结的籽粒比较大、能吃而被人类驯化，那时一株小麦上不过结一两粒籽而已。8000年前，在今天高加索到伊朗的里海沿岸，原始小麦偶然与一种粗山羊草杂形成普通小麦，后来又被人类不断改良育种才成了今天的样子。

同样的，中世纪的西瓜就是皮厚、籽大、瓤白的，要多难吃有多难吃。经过几个世纪的育种，今天我们才有各种无籽、薄皮、汁水发甜的西瓜，甚至培育出了便携的方形西瓜等。如果你生于20世纪，你可能亲身经历过芒果从大核到小核的过程，2020年微博上还有热搜调侃，说往芒果里塞核的工人们怎么样了。

但人和大部分动物在一件事上能达成共识，那就是糖。糖作为高密度能量来源，在自然界中是一种很宝贵的物质，几乎等同于科幻电影里在外星上找到的能量块，动物提高觅食效率的最佳方式就是摄入糖。

所以很多动物嗜糖如命，蜜蜂进化出了酿蜜的本领，狗熊被蜇得满头包也要挖蜂巢、抢蜂蜜吃。家里养狗的话，会发现喂点烤红薯狗吃得倍儿香，养猫的话，会发现猫也爱吃糖果。要知道，猫的舌头连甜味儿都尝不出来，爱吃糖都是靠嗅觉和本能。

　　人类也差不多，出于对糖这种能量块的热爱，摄入碳水化合物后血糖会升高，愉悦感通常会提升许多。

　　其实人当初选择驯化小麦就是因为小麦的籽粒较大，里边含有大量作为多糖的淀粉。别的植物人类也是挑淀粉含量高的部位吃，土豆吃块茎、大米吃种子、玉米吃籽粒。现在有了工业加持，人类更是大肆从玉米里抽取糖分，做成果葡糖浆再大量添加到食品中。翻翻配料表，你喝的含糖饮料，吃的糖果、冰激凌、面包、蛋糕都大量含有这玩意儿，这也是造成现在大量"小胖墩"出现的重要原因。

　　同在地球为碳基，对糖总是不离不弃。

第 六 章

人类断肢不能再生，
其实是保护自己？

—— 再生能力与癌症

2021 年 4 月 11 日，一位上海的水生动物视频博主在鲨鱼缸里发现了一只小螃蟹。

那是一只肉球近方蟹，海边渔民论兜卖的玩意儿，不值钱。这只小螃蟹出现在这个鱼缸里，本来是当作饲料喂鲨鱼的。被这位博主发现时，小螃蟹已经失去了所有的 8 条腿和 2 个大钳子，只剩下光秃秃的躯干，肚子上还有一道深深的伤痕。这位博主也没理它，直到第二天清洗鱼缸时才发现，原来这只小螃蟹还活着。于是博主给它起名"蟹坚强"，拍了视频剪了剪，放到平台上给大家展示下。这个视频带来了巨大的流量，博主也决定试一试，给它放到单独的盒子里看能不能活下来。

后来的故事我们都知道了，在这位博主每天好鱼好虾地喂养下，"蟹坚强"的 8 条腿和 2 个大钳子又长回来了，还完成了蜕壳，迎来了自己的新生。直到本书开始写作的 2022 年 8 月，"蟹坚强"还活得好好的，甚至有幸迎来一只小母蟹，收获了爱情。至于"蟹坚强"会不会借此留下后代，那就要看它的造化了。

为写书而重翻"蟹坚强"视频的时候，我满脑子都是问号：为什么人类断肢不能再生？这么牛的能力，怎么就给螃蟹了？

只剩头都能再生的动物

要回答这个问题，得先把目光抛向整个动物界。在动物中，断肢再生并不是一个很罕见的技能。螃蟹之外，壁虎能断尾求生，尾巴还能再长出来；蚯蚓切成两段，有可能长出两条蚯蚓；海星失去四条触手，甚至能在剩下的那条触手上长出一只新海星。

2021年3月8日，《当代生物学》的一篇论文更是展现了海蛞蝓的再生能力：能把整个身体都抛弃，只剩下头，然后重新长出一具躯体！要知道，头部以外的身体里有心脏、肾脏、肠道、生殖器官，海蛞蝓竟然毫不在意，说抛就抛，说再长就再长！

墨西哥钝口螈大家或许也见过，属于最近几年兴起的异宠，有一张六角形的呆萌呆萌的脸，它的再生能力更强，连大脑损伤一部分都能自己再生出来。有研究者做过实验，把墨西哥钝口螈的肢体连续砍掉15次，直到最后一次才没能再长出来，而是出现了疤痕组织。是哪家科研人员如此执（凶）着（残），我就不透露了。

对这种再生的能力，人类只能望洋兴叹。何止人，整个哺乳动

物纲在这方面都很弱，再生能力强的动物基本都属于两栖类或者硬骨鱼类。直到2012年，才有人发现非洲刺毛鼠皮肤损伤能够再生，后来又陆续发现其耳朵、肾脏、心脏的受损部位都能够自我修复，算是给哺乳动物挣回一丝颜面。

随着生物学的发展，断肢再生的秘密也在一点点揭开。其实这事原理并不复杂。绝大部分动物的一生都是从受精卵开始的，一变二、二变四这么变成了一个动物个体。

这个过程也是个就业面越来越窄、知识专业度越来越高的过程。在受精卵分裂的最早期，那些细胞都携带有身体全套信息，拿出来一个就能发育成一个新个体，所以叫全能干细胞。继续分裂，这些细胞就开始选专业，有的往神经系统发育，有的往呼吸系统发育，这时叫多能干细胞。往后越分越细，只能分化成一种或几种细胞，叫专能干细胞。再分化就成了我们的组织细胞，比如神经细胞、上皮细胞、脂肪细胞等，就不叫干细胞了，可以理解为从细胞大学毕业了，去各个组织发光发热了。

在人类体内，基本上都是拿了证的毕业细胞，只有一些专能干细胞储备着，对一些关键部件进行更新。比如人骨髓内有造血干细胞、骨内有成骨干细胞等，一旦受伤失血还能恢复，骨头断了也能再长出来，但断个脚趾头就没招了。

再生能力强的动物就不一样了。这些动物体内要么保留了一部分长期在校的多能甚至全能干细胞，一旦发生损伤就火速发个毕业证去补上；要么有一部分细胞随时准备着，一旦发生损伤就回炉重造，拿了证去新岗位继续干活。在多种再生能力强的动物体内，研究者们都发现了未分化的多能干细胞，水螅与涡虫的身体则主要由干细胞组成。

再生能力强的代价

强大的再生能力并不是没有代价的，其第一项代价就在于高级不起来。

再生能力强，往往意味着细胞分化不那么完全。涡虫体内几乎全是干细胞，再生能力就很强，切成两半也不怕，轻轻松松变成两个涡虫；但这就导致涡虫身体结构很简单，甚至只有两个眼点，完成不了一些复杂的生命活动。不是所有再生能力强的动物都简单到这个地步，但简单是这一类动物的主流。

生物之所以能完成各种复杂功能，就在于细胞高度分化，不同的细胞能完成不同的任务。比如，在人体内有几百种细胞，有着各种各样的形态。最长的脊髓前角运动神经细胞伸出一根一米多长的轴突，从中枢神经系统往肢体发号施令；最大的卵细胞直径0.1毫米，几乎肉眼可见，担负着繁衍后代的职责。

曾经有一部动画片《工作细胞》，精准地描述了血液中各种细胞的职责：血小板像水管工，随时准备着补血管漏洞；红细胞是搬运工，源源不断地把氧运输给全身；T淋巴细胞、嗜碱性粒细胞、白

细胞、嗜酸性粒细胞、巨噬细胞则像一个个警察，随时准备着清除来犯之敌。你看人体细胞分工多详细，光警种都这么多，有报警的、有做笔录的、有动手揍敌人的。

而且有些细胞，似乎也没有更新的必要。前边提到过，墨西哥钝口螈的大脑损伤一部分都能自己长出来，这个本事人没有，但这未必是坏事。人类大脑神经元是固定的、无法更新的，但正是这种无法更新的神经细胞储存了人类的记忆，让人类能从过往行为中获得经验、积累知识。

如果人类的大脑细胞动不动就更新，那很难想象人类能创造出灿烂的文明。

第二项代价有点触目惊心，那就是肿瘤。

生物课上教过细胞的有丝分裂：从一个细胞开始，里边的染色体复制自己，均匀分开到两个细胞核里，细胞核逐渐分开，然后细胞也逐渐分开。这一过程描述起来简单，其实充满了风险：染色体复制出错怎么办？两个染色体分开时没分均匀怎么办？细胞核分开时一大一小怎么办？

从干细胞分化到功能细胞，过程就更复杂了，风险也就更大。比如，从造血干细胞分化到红细胞，需要的过程就比普通的有丝分裂更复杂。

这些步骤只要出了一点儿错，就可能造成很严重的后果。比如，哪条染色体多复制了一段，这段就有可能继续复制下去，最后导致这个细胞长得奇形怪状。细胞都是很精细的，奇形怪状的细胞大概率会丧失原本的功能。比如，红细胞本来是饼状，小饼中间正好放氧气，形状一变就运不成了。

当不成搬运工也就罢了，更可怕的是变异的细胞不怕死。正常的人体细胞内，在一端有一个小小的东西叫端粒，这就是细胞的命门：每分裂一次，端粒就短一点，直到最后短无可短、没法再短，那细胞就没法再分裂了，也就到了自然寿命死亡了。但如果细胞复制出错，就有可能突破端粒限制，能无限制分裂下去，也就永生不死了。

细胞永生，对人类来说可不是什么好消息。想想看，人体无论哪个器官都几乎没有多余的编制，有一个细胞就要干一个细胞的活。现在来了这么一堆细胞，光占编制不干活，还能随便生，那谁顶得住啊？光吃不干的癌细胞多了，还会挤压正常工作细胞的空间，导致人体器官没法再发挥作用，也就完蛋了。器官就那么多，每完蛋一个，人就少一项功能，如果少的是重要器官，那人也就死了。

反过来看，为什么大脑、心脏等处很少长肿瘤，肝脏肿瘤就比较常见，就跟人不同部位细胞的再生能力不同有很大关系。大脑

神经元、心肌细胞不可再生，死一个少一个，肝脏就不一样了，切掉70%都能再长出来！一些报道中的捐肝手术，捐献者捐掉一半肝都能自己恢复的。"再生"与"肿瘤"本就是一个硬币的两面，享受好处必然要付出代价。

从某种意义上说，细胞的生与死本是生命的正常流程。一个优秀的细胞，在自己的生命周期内出色完成工作后，就应该崩解掉，把细胞内那点有机物贡献出来当原料，让身体再造一个新的细胞继续干活。一茬茬细胞来了又走，身体还是那一个。

这也是身体与细胞的矛盾所在。身体由细胞构成，要想身体健康存活，细胞就需要不断更新，牺牲小我成就大我。但细胞未必这么想，一旦有机会突破限制，永生不死，那身体反而会迅速消亡。

所以人体内有兢兢业业的免疫系统，对外抵御病毒、细菌的入侵，对内防范个体细胞的叛变。我们身体内有 60 万亿个细胞，几乎时时刻刻都有细胞癌变，但癌症却不是人人都得，免疫系统功不可没，巨噬细胞到处巡逻，一旦发现永生不死的癌细胞就张口吞了，根本不嘻嘻哈哈的。

只有当免疫系统能力低下，识别不出来癌细胞时，后者才有机会。所以癌症与衰老息息相关，因为人老，免疫系统也会老，免疫系统老眼昏花，也就容易有漏网之癌。

也正因为如此，癌症才没法互相传染，因为它在本主体内是内奸，能利用本主的身体获得氧气与养料；到了别人或者动物体内就成了外敌，不仅会被免疫系统干掉，普通细胞也不会给其提供支持。

癌症传染的例子极少，澳大利亚塔斯马尼亚岛上的袋獾就是其中之一。这些家伙特别喜欢打架，你咬我，我咬你，面部的肿瘤细胞往往容易掉到对方伤口中。这种袋獾在 1.4 万年以来被隔离在岛

上近亲繁殖，相互之间基因类似，免疫系统往往也没法识别，就放过去了。这种通过撕咬传染的癌症，把岛上的袋獾灭掉不少，在有些地区死亡率甚至高达 90%！

德国研究人员曾经找到过一块罗氏祖龟的腿骨化石，在其上发现了肿瘤留下的痕迹。罗氏祖龟生活在 2.4 亿年前的三叠纪，跟最早的恐龙算是同年。在有 170 万年历史的人类化石上，也有骨肉瘤，这是已知最早的人类肿瘤。

2014 年，同样是在德国，研究人员发现一种 3 亿多年前的动物化石，这种动物是现代火蜥蜴的祖先，其四肢中有一个或者多个是重新生长出来的。这个故事告诉我们，再生能力早在 3 亿年前的动物身上就出现了。研究者们还猜测，其部分基因基础可能不只是两栖类有，而是绝大部分原始四足动物都有，再生能力曾是动物的基本能力，只是后来哺乳动物慢慢丢失了。

这个丢失不只是舍弃，也包含了抗癌能力加强的增益。有些哺乳动物在进化中不仅丢弃了容易致癌的再生能力，而且获得了更强大的抗癌能力。比如，大象有着庞大的身躯，其体细胞数量是人体的 100 倍以上。如果每个细胞的癌变概率差不多，那大象的癌症发病率应该很高才对。但事实是大象自然寿命能达到七八十岁，得癌症的概率只有 3%，比人类低多了。

　　早在 1977 年，英国流行病学家理查德·佩托就指出了这一现象，还给其命名为"佩托悖论"。但直到 2021 年，西班牙巴塞罗那自治大学康斯坦丁诺斯·卡拉科斯蒂斯团队才给出一种解释。卡拉科斯蒂斯团队研究了一种叫 P53 的蛋白质，这种蛋白质叫转录因子，负责在 DNA 转录为 RNA 时发挥作用，选择激活哪些基因、激活多久。如检测到 DNA 受损，P53 就横刀立马，不让受损的 DNA 复制，倒逼细胞自己进行修复。修复好的话，皆大欢喜，修复不好的话，就直接毁灭掉，干脆利落。

　　控制释放这种 P53 蛋白质的基因，在大象体内有 20 多对，能源源不断地生产 P53 蛋白，这个基因人体内也有，但只有 1 对，产能远远跟不上。当然大象不容易得癌症的原因有很多，但 P53 确定是其中一个。

什么？植物也有肿瘤？
我们还没少吃？

跟大象比起来，植物的抗肿瘤方法又高一层次，属于降维打击：完全无视。其实植物的肿瘤很常见的，大家春游、秋游时经常能看到一些树干上有大鼓包，颜色质地还和周围不一样，那一般就是植物的肿瘤。和动物一样，植物肿瘤也是细胞分化、复制的过程中出错，获得了永生不死的能力导致的，在植物的一个部位越积越多，就成了肿瘤。

不过有些大树树皮被砍了一刀，在上方形成一个大肿块，那可不是肿瘤。那只是因为从上往下运输的筛管被砍断了，水分和无机盐下不去，堵在那里而已。

而且植物根本不怕肿瘤，有些大树树干上十几个瘤子，照样活得好好的。北美橡树有时受到真菌感染，整个树皮上都是瘤子，成了昆虫幼虫的游乐园，也还是活蹦乱跳的（不是真跳）。

那植物为什么得了肿瘤却没生命危险呢？这就要复习一下肿瘤发生的过程了。在我们体内，每时每刻都有细胞癌变成肿瘤细胞，

但绝大部分都会被我们的免疫系统识别出来干掉，只有极少部分绕过防御，在体内挑一处合适的地方扎根，这叫着床。着床的肿瘤细胞无序分裂成肿瘤。肿瘤越长越大，就会影响受害器官的功能。比如，在肝上有肿瘤，就可能压迫肝动脉肝静脉，从而影响人的消化功能；在肾上出现肿瘤，就会破坏原有的肾小球，影响人的泌尿过程；在肺上有肿瘤，那就可能压迫气管支气管，让人没法呼吸。

更可怕的是，肿瘤细胞能顺着血管、淋巴管到处转移。为什么人类癌症要分期呢？因为早期时肿瘤细胞还没成气候，只轻度祸害一个器官，这时干掉它们，人还有救。到了晚期，肿瘤细胞在一个器官上站住脚又会到处跑，比如从肺跑到肝、从肝跑到肾，这时治疗起来就非常棘手了。

对植物来说，这都不是事。植物细胞有细胞壁，没法像动物细胞那样到处跑，癌细胞在哪出现，就在哪生根，没法到处转移，顶多祸害一小处。而且植物的器官不像人类那样是成形挤在一处的，而是分布在全身，有很多备份的。一根枝条坏了不怕，还有别的枝条；树干一边坏了也不怕，还有另一边。这两个因素加在一起，植物当然不怕肿瘤啦。

植物不仅不怕肿瘤，还能利用肿瘤。如果你有见过地里的黄豆，不妨试着拔一根出来，会在密密麻麻的根上找到一些小疙瘩。

这些小疙瘩就是黄豆根上的肿瘤，是根瘤菌入侵导致的。但根瘤菌在黄豆这可不白住，而是利用空气中的氮气合成氮肥，供黄豆苗壮成长。从生物学上看，黄豆与根瘤菌属于共生关系，这种肿瘤对植物本身是有益的。

还有一些植物肿瘤对人类是有益的。比如，我们平时吃的茭白。茭白并不是植物名，产茭白的植物叫菰，也叫菰米，是水稻的亲戚。菰有时候被一种叫黑粉菌的真菌感染，这种菌在菰体内寄生时，刺激菰的茎上出现肿瘤，无序生长而膨胀，嫩滑嫩滑的甚是可口，这就是茭白。

当然，感染了黑粉菌的菰就不再正常结果实，也就不再量产菰米了。不过有了鲜嫩可口的茭白，谁还记得那点菰米啊！下次你吃茭白炒肉的时候，可以想想吃下去的都是什么东西。

人类能获得再生能力吗？
抗癌呢？

涨了这么多知识，本章开头的问题也要做一下有丝分裂，从一变二了。第一，我们能利用干细胞再生器官吗？第二，如果不能，那我们能反向操作，通过基因技术增强抗癌能力吗？

对第一个问题，至少目前不能。早在2000年，加拿大多伦多大学的科研人员就发现了人视网膜干细胞的存在，当时媒体在报道这一发现时，引用专家的话说"还需等待数年才能用于临床"。

数年又数年，已经22年过去了，依然没能实现体外培育出视网膜细胞，重新移植给眼疾患者助其复明。严格来说，前半个过程实现了。比如，有些患者视网膜神经节细胞受损，这是视神经的重要组成细胞，受损会导致视力障碍。科研人员是能够利用视网膜干细胞在人体外培植出这种细胞的。

但安装回去就难了！首先，视网膜神经节细胞必须安装到视网膜的特定位置，并和其他神经细胞的突触组合起来；其次，移植的细胞需要再生出轴突，并延伸到视觉中枢神经系统靶点，如此才

132

能形成回路、传递信号。都 2022 年了，视网膜神经节细胞人体移植术还没有开始实验，应用估计还要等好久好久。

但那不代表这些干细胞没有用处。目前的另外一个研究方向是，通过各种因子诱导视网膜干细胞在人体内的分化，让其在患者体内长出视网膜神经节细胞并自己组合起来。这一过程当然也很复杂，但比移植难度低不少，成功希望高许多。也许在不久后的将来，因视网膜或者视神经疾病而产生视力障碍的患者，就能靠这个办法重见光明呢。

对于肢体残疾的患者，其实也不是没有办法。在所有的肢体残疾中，带来最大不便的当属手部肢体残疾，因为灵活的手与手指在人的日常生活中起到的作用太大了。笔者甚至有过一个想法，对我们这些文字工作者来说，全身其实只有大脑、眼睛和双手最能发挥作用，其他的多多少少都能往支持器官上归类。

所以在 1963 年 1 月，上海市第六人民医院成功完成世界首例断肢再植术是引起世界轰动的，在当时被称为人类医学史上的奇迹。但终究有一些患者，发生意外后没能及时赶到医院，从而导致断肢坏死、错过了再植的良机。

对于失去手指，甚至整个手掌的人，有不少医院推出一款手部/手指再造术。具体来说，就是从脚趾上游离出一段或者几段骨头，

根据患者具体情况，接到患者残余手部，给患者造出一个个手指来，让患者避免生活中的不便。这些再造的手指当然没法跟原装的比，却能帮患者解决很多问题。

对那些失去整个手掌、没法再造手指的患者，人类还开发了各种声控、眼神控、脑控假肢，总有一款能帮到他们。

对于第二个问题，既不可以，也不是很必要。

其实人类得癌症的概率并不算高的。往上看，大象体细胞是人体的100多倍、得癌症的概率却比人类低；往下看，人体型是小鼠的100多倍，得癌症的概率和小鼠差不多。

更重要的是，人类的医疗技术、医疗体系始终在滚滚向前发展。在美国，20世纪70年代如果人得了慢性粒细胞白血病，活过5年的概率只有22%；到2015年已经高达70%。还记得电影《我不是药神》吗？慢性白血病患者只要按时、按量吃药，跟正常人没有区别。

在中国也差不多。20多年前世纪之交那会儿，癌症还是不治之症，得了癌症基本意味着人的生命只剩下几年。到2021年，我国癌症患者5年生存率已经达到40.5%，《健康中国行动（2019—2030年）》甚至提出到2030年要达到46.6%，癌症越来越像一种能和人体长期共存的慢性病。

　　为弥补基因的不足，人类依靠现代技术加持建立了现代医药体系，对肿瘤有一整套组合拳。这其中最重要的就是早筛查，大家去做年度体检时会有血清肿瘤标志物这一项，这种检查要查肿瘤的分泌物或者人体为对抗肿瘤而分泌的物质，无论哪一项超标，都说明可能有肿瘤存在，需要进一步复查。

　　对一些特定部位的肿瘤，还要上技术手段。比如，用胃肠镜探测消化道癌、用胸部低剂量螺旋 CT 查询肺癌、通过超声结合钼靶可以发现乳腺癌。对一些高发人群，比如食道癌高发地区居民、烟民等，这些手段就很有必要了。

检查出来肿瘤也没那么可怕，对一些实体肿瘤可以上一些粗暴而不简单的高科技手段。

物理手段，就是手术刀，"咔嚓"一下，割以永治。只要割干净、不转移，复发概率算不上高，但对付转移的效果不太好。

化学手段，就是比较广为人知的化疗，把化学药物输到肿瘤处，将肿瘤灭掉。但化学手段副作用太大，地球人都知道化疗会导致人掉光头发。

原子物理手段，就是传说中的放疗，用放射性物质产生的高能量把肿瘤烧焦。如何控制副作用，防止复发，也是需要进一步研究的问题。

对血液肿瘤，目前已经实现了干细胞治疗。2022年7月，不少媒体争相报道"输液一次治愈癌症"的故事，是一家医院给病人输了一次液，将其血液中的癌细胞尽数杀灭，这袋输的药物标价120万元。

这袋药物之所以贵，就是因为用了细胞技术。它是先从患者体内抽取B淋巴细胞和癌细胞，然后放到体外拿癌细胞当靶子，训练培养这些B淋巴细胞，最终得到一批专门针对这些癌细胞的B淋巴细胞，再给病人输回体内。这就是细胞层面的精准打击了，治

疗效果当然好。

　　但目前这一技术还只是初级阶段，只能治疗血液肿瘤，对实体瘤效果还不满意。但这只是人类对付肿瘤手段的一种，人类还有很多大招在研发中，遏制肿瘤，让肿瘤不再危害人间那一天终究会到来。

　　那才是真正的逆天。

第 七 章

能看到红色的动物,
一共有几种?

—— 人类视力的独特之处

2021 年，国家卫健委透露了一组让人挺揪心的数据：我国青少年儿童总体近视率为 52.7%，其中 6 岁儿童为 14.3%，小学生为 35.6%，初中生为 71.1%，高中生超过了 80%。

这组统计数据跟大家的日常经验也挺符合。找个中小学晃一晃，你会看到无论是教室里还是操场上，学习和打闹的孩子一半多都戴着眼镜，太阳一照明晃晃的。旺盛的眼镜需求甚至养活了一个庞大的眼镜产业，翻翻企查查就能看出来，我国 2021 年眼镜相关企业超过 132 万家，光当年前八个月就新开了 26 万家。这还只是统计了名称里带"眼镜"的企业，上下游做光学部件的、生产眼镜用树脂的就更多了。

那么问题来了，人类为什么会近视呢？

能调节远近的视力

这个要从 5 亿年前讲起。早在那时的寒武纪，最早的脊索动物皮卡虫就进化出了眼点，能感知光线的明暗，从而躲避来袭的捕猎者。在亿万年的时光里，眼睛逐渐从一个感光小点进化出无比精密的结构，成了今天的模样。比如，人类的眼睛。就能保证外来的光线经过晶状体弯折后恰好落在视网膜上，精准到微米层级，而这层视网膜虽厚度不到半毫米，却有着 10 层之多的复杂结构。

在 19 世纪，眼睛的精密程度甚至被人用来当证据，抨击生物进化论。囿于时代局限，提出进化论并将其发扬光大的达尔文也没能对其进行有力反驳。在 1860 年的一封信中，达尔文也写道："迄今为止，眼睛让我感到不寒而栗。"

经过 5 亿年的漫长时光，在沉重的环境选择压力作用下，不同的动物眼睛各有千秋。

各种鹰、隼、秃鹫之类的，需要在飞行时往下一扫就能看清哪有猎物，眼睛需要有广阔的视野和极强的远视本领。所以鹰的视网膜中间有一圈凹陷，这是专门用来接收并处理远处物体成像的。

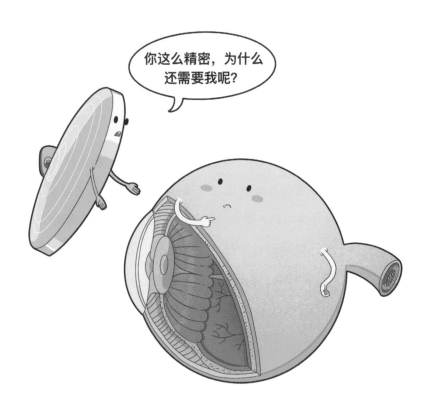

猫头鹰昼伏夜出，夜视能力强了才能抓到猎物。所以猫头鹰的眼睛面积就特别大，要尽可能地捕捉夜间每一丝微弱的光。眼大了没法在眼窝里随意转，猫头鹰的脖子能旋转接近300度，很好地弥补了这一缺点。

　　一些小动物很不幸地与猫头鹰同时起床、同时睡觉，为了不给猫头鹰当猎物，也进化出更好的夜视能力躲避危险。

　　蚊子需要高速飞行，随时躲避天敌的追杀和人类的巴掌。为在高速运动中清晰成像，也尽量扩大视角、躲避运动的天敌，蚊子进化出一对复眼，由500—600个小眼组成，专门负责侦察敌情。

　　造化弄蚊，蜻蜓的复眼由28万个小眼组成，追杀蚊子得心应手。还有一些昆虫干脆进化出一对复眼加上数目不等的单眼，想看动就看动、想看静就看静，哪怕自己也因此长得像外星人。

　　犀牛没有天敌，也就没有望远防止袭击的需求。但犀牛要吃草，需要识别近处的草，所以犀牛是天生的近视眼，看近处很清楚。

　　鱼类眼睛大部分长在身体两侧，视野需要很广阔才能防止后方被偷袭。所以鱼眼广度很厉害，能把一侧的景色尽收眼底，人类就是模仿鱼眼做出了鱼眼镜头。

　　但看远也好、看近也好、看暗处也好，绝大部分动物的眼睛功

能比较单一，很难兼顾，比如鹰就看不清近处的物体。你可以做个实验，把手掌贴着眼睛往近放，放到五厘米左右是不是就看不清手掌纹了？那是因为人眼的焦距就那么一点长，考虑到两只眼睛的调节，离得太近的物体就超出焦距调节范围，没法在视网膜上成像。鹰眼的焦距可比人眼长多了，看远的距离大多了，但也意味着看近的距离小多了。

与之相对的动物是狗。不少养狗的人，都有过狗认错主人的尴尬经历，那是因为狗天生近视，3米之外男女不认，5米之外人畜不分。但狗的夜视力很好，在漆黑的夜里能认出不少东西，这或许跟狗的祖先是狼有关系，毕竟不能保证朝九晚五，需要夜里捕猎嘛。

但人不一样，人的晶状体上连着韧带，调节能力很强，看远处时能把晶状体压圆一些，焦距更长；看近处时再拉扁一点，焦距就变短。如果说鹰眼装了个长焦镜头、鱼眼装了个广角镜头、犀牛眼装了个人像镜头，那人眼装的就是万能镜头，远近都能看。

下次当你等公交车时，远远看到公交车进站，再低头看一下手机，请记住这是个超能力，人类独有的！

这种强调节能力不是没有代价的。晶状体也不是超人，一直看近处的话就会劳累，累着累着就痉挛了，调节功能也就变差了，这叫假性近视，能恢复；如果不顾晶状体感受继续看近处，再累下去眼轴就开始变长了，再调节也没用了，就只能看清近处，看不清远方了，这叫真性近视，是不可逆的。

在手机依赖症发病率超高的今天，近视发病率高也就不奇怪了，天天看相距50厘米左右的手机，等于一直在让晶状体累着。相应的，预防近视就得防止光看近不看远，要多眺望远方。

　　所以，这种后天的获得性近视其实跟人类眼睛的特殊能力有关，是人类眼睛能自主调节看远、看近导致的。别的动物，要么是天生近视，要么是天生远视，很少有能转变的。

　　除了能调节远近外，人类眼睛还有一些比较特殊的能力。

立体视觉

　　看看老虎、狮子、斑马、黄牛、梅花鹿、兔子、狗这些动物的面部照片，有没有发现什么规律？没错，老虎、狮子、狗等食肉动物的眼睛是长在前面的，斑马、黄牛、兔子、梅花鹿等食草动物的眼睛是长在面部两边的。

　　这种眼睛位置的不同，很精准地满足了食肉与食草动物的不同需求：食肉动物需要定位猎物并追逐、搏斗，两只长在面前、视野重叠的眼睛可以提供立体视觉，让食肉动物通过两只眼睛更精准地判断猎物位置，在捕猎中占据上风。

　　食草动物需要警惕危险，两只长在两边的眼睛能提供广阔的视野，让它们能尽早发现背后来袭的敌人。比如，马的视野范围就能达到340度，敌人很难从背后接近马而不被发现。

　　眼睛本身也是个传递信息的重要窗口，不仅人有眼神交流，动物也有，所以在野外遇到野生动物的话，如果感知到有危险，最好不要看，假装互相没看见也能躲过去。

　　反过来，这种眼神的交流人类也能利用起来。在非洲中南部

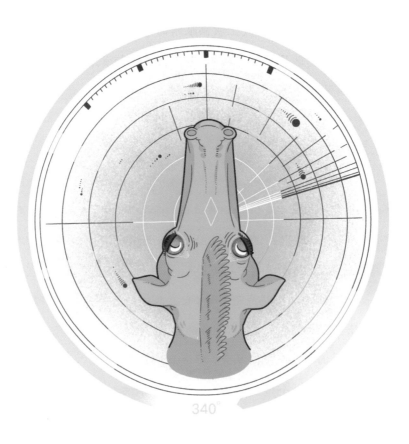

340°

的博茨瓦纳，牛群经常遭到野生狮子从身后的扑杀，为解决这一问题，研究者给牛的屁股上画一双大眼睛，让狮子以为自己被牛发现了。

4 年过去，683 头屁股上被画眼睛的牛全部活了下来。作为对照组，835 头牛的屁股干干净净，其中 15 头被捕食者杀害；542 头牛屁股上被画了十字，其中 4 只遇害。

曾经有幅漫画，说犀牛因为角太长，看到的世界里永远都有自己那根长长的角。其实这属于以己度人，犀牛也是食草动物，眼睛长在两边的，根本看不到正前方。

人和所有的灵长类眼睛也是长在面前的，立体视觉很强，可以做个小实验感受一下。把椅子放低，放到视线跟桌面平行，请别人放块橡皮在桌面上，两眼圆睁着用一只手从一侧去拿，就能轻松拿到。请别人把橡皮重摆一遍，闭上一只眼再去拿，一般就得试几次才能拿到了。大脑只能从一只眼睛获得信息，也就没法判断远近。

不过人类立体视觉的用处，跟纯食肉动物又有差别。人类祖先和别的灵长类动物一样，是居住在树上的，需要靠双手抓着树枝爬上爬下。立体视觉这时就派上用场了，能判断清楚远近，省得一把抓空掉下去。掉下去可不只是摔疼摔伤的问题，树下有豺狼虎豹等着开饭呢。

今天人工智能对物体的识别，在很大程度上都是模仿人类双目构建的立体视觉。类似的研究很多，包括两台摄像机如何摆放、数据如何交换以及如何根据被观察物体进行调整，都是在模仿人类双眼。

既然两只眼睛能构建立体视觉，那三只眼睛会更好吗？

还真会。多了一个观察角度，就能对物体的位置及运动多一个判断因素，也就能判断得更为精准。2022 年，在盛产土豆的宁夏回族自治区，还有人用基于三目建构出的更好的机器立体视觉，给土豆进行三维建模，根据长得是不是规矩、有没有大坑、有没有斑点进行分级。

2021 年，全国土豆产量超过 3000 万吨。二郎神要从神话中穿越过来的话，估计不愁没有用武之地。

三色视觉

你或许知道人类的色觉能力非常强大，能分辨出大千世界的各种色彩，而牛、马、狗、猫就不行，是全色盲或者部分色盲，看到的世界远没有我们看到的明快鲜亮。

色觉的本质是能识别出不同波长的光。人类的视网膜上有三种视锥细胞，大概长成锥形导弹的样子，分别对三个波段的光敏感，接收这三个波段的光传到我们的大脑中，经过运算后就形成了红绿蓝三种颜色感知，再经过组合就能识别出大约 100 万种颜色。

但这种能力也是在进化中慢慢获得的。2007 年，《科学》期刊发表了一篇论文，追溯了不同视杆细胞的起源。

动物的眼睛最早只能识别出光的强弱，只能接收绿光周围的波段。后来一个偶然的突变，导致某种动物的视锥细胞发生变异，新版视锥细胞能接收到蓝光附近的波段，这个基因也留传下来。很多哺乳动物是红绿色盲，只能看出蓝绿色，就是这个原因。

大约 3000 万到 4000 万年以前，又有一个灵长类祖先的色觉基

因发生了突变，使得这位祖先多了视锥细胞，能识别更短的波长，也就能感受到红色。这一基因的产生还远远不够，因为只是相当于升级了镜头，这位祖先的后代又进化出了新的神经结构，能把这种视锥细胞的颜色传递给大脑，这才识别出红色。

红色辨识能力给灵长类祖先们带来了极大的能力提升，因为它们能在绿叶中轻松找到红色成熟的果子，采集果实的效率大大提高，在自然选择中存活的概率大大提高，三色视觉基因也就留传下来，并传递给了后来绝大部分灵长类。

当然也有漏网之鱼。比如，恒河猴就只有部分有三色视觉基因，另外一部分只能识别双色。不过这为人类验证三色视觉的优势提供了天然实验对象。加拿大卡尔加里大学的研究者阿曼达·梅林特意跑到波多黎各的一个海岛上，对 80 只恒河猴进行了 20000多次的观察，发现三色视觉恒河猴找果子确实比双色视觉的恒河猴强很多。

后来还有研究者通过基因剪辑，把红色素基因剪到小鼠的 X染色体上，小鼠就具有了三种视杆细胞，却依然对外界的红色刺激不敏感，就是因为大脑里没有识别红色的解码器。所以说，三色视觉是人类通过几千万年的进化积累下来的，弥足珍贵。

在色觉这点上，大部分鸟类比人类频谱更宽，视网膜上有四种视锥细胞，能识别四种波段，经过组合就是 1 亿多种颜色。但鸟类没有识别红色的基因，它们的四色能扩展到紫外线波段，却依然看不到红色。

其实有一部分人也拥有四色视觉。1948 年，荷兰研究者在检查色盲患者时，发现有女性在三种正常视锥细胞之外还有一种变异的，由此预测有女性能识别四种波段，组合起来也是 1 亿多种颜色。20 世纪 80 年代，剑桥大学教授约翰·莫伦甚至计算认为，理论上 12% 的女性都应该拥有四色视觉，但全世界的科学家一直找了 25 年才终于发现拥有四色视觉的女性。

这并不一定是理论出错，而是因为平时我们生活中很少有用到四色视觉的地方，所以四色视觉者没有机会发挥而已。不过能确定的是，四色视觉者一定都是女性，妇女能顶半边天此言不虚。

号称"第二大脑"的视网膜

2014 年，央视播出的《最强大脑》节目曾经有过这样一期挑战：5000 个魔方拼成一堵墙，从中间分成两块，且图案完全一致。然后一位嘉宾上台，在右边的墙上随机挑选一个魔方，改变其中一个空格的颜色，最后请挑战者找出来是哪一个换掉了。这堵墙有4.5 万对色块，要找出其中一对的不同，堪称找不同终极难度。但一位叫郑才千的挑战者轻松完成挑战，人送称号"找茬王"。

稍等，这不是眼睛强大吗？怎么上到最强大脑节目了？上就对了，视觉与智力是密不可分的。从构造上来说，咱们的眼底视网膜就是感光功能与视觉处理功能的分界线，这里有很多神经细胞，对投射到此的光线进行运算，干的是跟大脑神经皮层里的视觉中枢类似的事。

所以在医学上，视网膜有个很霸气的名号叫"第二大脑"。有两个小测试可以帮这个"第二大脑"刷刷存在感。

在面前放张白纸，纸上画个不大不小的黑点，绝大部分人看到白纸时眼光都会落到黑点上，而对更大面积的白色视而不见。这

157

就是视网膜处理信息的结果，优先关注那些看起来异常的事物，以防止有潜在的危险。

在阳光明媚的午后，闭上眼睛对着太阳三分钟，再转头睁眼，你会发现眼前一片绿色，看东西也清晰许多。这是人类视网膜的反色功能，把太阳的红色存在记忆细胞里，跟照相底片一样反色显示出来。

当然不能说视力好的人智商一定高，但对视觉信号的处理是大脑活动的重要部分，也是刺激人类神经生长发育的重要因素。弱视是一种眼科疾病，英文称为"懒惰的眼"，意为一只眼睛看东西不好，经常只用另一只眼睛看，一般都是在婴幼儿时期发病。

经过眼科医生检验，弱视的那只眼睛一般神经发育得也不太好。其治疗方案也很有意思，是给患儿戴上特制的眼镜，遮住健康眼，逼着患儿用"懒惰"的那只眼睛看，逼着这只眼睛的神经好好发育，健康成长。

如果你近视且长期习惯戴眼镜的话，不妨试试摘掉眼镜生活一个上午或者下午。这个实验笔者鼓动不下30人做过，毕竟戴眼镜的人太好找了，其中28个人表示，生活在视力模糊的世界里，感觉自己的反应都变得迟钝了。

2014年，美国《当代生物学》刊登了一篇论文，这篇论文牵涉

的实验涉及 600 位老人，耗时至少 6 年，让这些老人在 70、73、76 岁时分别做测试，结果发现，有些老人迅速一瞥就能获取图形信息，有的老人则需要反应上一段时间，而前者的智力衰退要比后者更慢。该文作者得出结论，老人智力衰退或许跟视觉下降有关系。

不过那绝不意味着视障人士的智力低下。1987 年和 2006 年，我国分别做过两次全国性的智力残疾儿童调查。数据显示，与肢体残疾、听力言语残疾和精神残疾比起来，视力残疾的儿童同时发生智力残疾的可能性是最小的，视力残疾对智力的影响也是最小的。

为什么呢？因为经过几百万年的进化，人类智力已经基本定型，哪怕失明，只要通过其他渠道获取知识、传播知识，就能保持大脑的频繁活动。笔者为盲人群体做过一系列的公益报道，采访过多位视障人士，他们的工作五花八门，有当程序员敲代码的、有做钢琴调律师的，甚至还有做记者的，跟笔者是同行。近视眼摘下眼镜反应迟钝是暂时的，经过调整也能适应。

总结一下，强大的视觉是人类之所以能称霸地球的关键所在，提供了人体所需80%以上的信息量，也是人类超强智力的秘密。但视觉所需的结构实在过于精密，这个星球上有22亿人出现包括近视在内的视力受损，其中有3.14亿人达到视力障碍的程度。

视障人士少了视力这条渠道，还是有很多感受缺失的。北京联合大学特教学院的2位老师曾问一位盲童，为什么说白云像棉花糖？盲童回答说，或许因为它们都是甜甜的吧。盲童回答时一脸坦然，却令听者心酸不已。

光明弥足珍贵，且看且珍惜。

夜视能力较弱

那么人类视觉有没有哪些比较弱的地方呢?

有,人类的夜视能力就弱了一点。相信不少人有过半夜饿肚子的经历,如果忍不住悄悄地溜进厨房开灯找吃的,十有八九会在角落里或墙上看到一只只蟑螂。这时候情商就很重要了,要么你看看它、它看看你,相安无事,各自走开,要么你尖叫+拖鞋二连击,迎来蟑螂仓皇逃窜、你全家人被吵醒的双输结局。

扯远了。蟑螂的暗视力毋庸置疑,2014 年,《实验生物学报》刊登实验结果,光线强度低到 0.005 勒克斯时,蟑螂依然能感受到。这个单位或许你不熟悉,大概这么讲吧,50 勒克斯的光线强度,才足够让人进行舒心的阅读,0.005 勒克斯基本就是一片漆黑。

蟑螂这样的夜视动物自然界中有的是,人类躺平的夜里正是它们的大好舞台。它们的眼睛构造就比较特别,要么面积大,如猫头鹰,能尽可能地捕捉黑暗中的光;要么负责暗视力的视杆细胞特别发达,来了光就能检测到。

2018 年,美国杜克大学的研究者进一步揭示了啮齿类,也就

是鼠、兔等动物的暗视力之谜。原来哺乳动物的视网膜后端有一种专用来检测物体运动的神经节细胞，这种细胞的特点是分工成几个小组，每个小组只有检测到物体朝自己负责的方向运动时才传递信号。比如，负责向上的神经节细胞，只有物体向上时才干活，其他时间就歇着。

但在光线暗淡的环境下，小鼠视网膜里本来负责检测向上的细胞变得大公无私起来，在物体向下、向一旁运动时它们也工作，这就大大加强了小鼠的暗视力。小鼠视神经上20%的细胞负责方向，人类的比例却只有4%，而且人类这种细胞没被发现过有这种能力。

人类从动物身上学习，开发了自己的夜视仪器。最常见的就是红外线热成像仪，通过万物身上发出的热辐射成像，在夜间发现人。但这种成像仪的缺点是对温度很敏感，只能发现体温高于环境的温血动物，而且成像质量真是一言难尽，要多糊就有多糊，器材还笨重得不好携带。

为解决这个问题，人类走上了两个技术方向。2019年，中国科技大学与美国马萨诸塞州州立大学薛天合作，把一种能将近红外光转化为绿光的纳米颗粒注射到小鼠眼中，让小鼠看到了近红外光。参与的科学家对纳米颗粒进行了修饰，使其可以牢牢地固定在小鼠视网膜光感受器细胞表面，且可以在小鼠眼中停留两个月以上，不产生任何明显的副作用。

这叫裸眼夜视，听起来很科幻，但已经在动物身上成为现实。还有一种叫可见光夜视仪，只是其学习对象可不止是猫头鹰，而还有屎壳郎。

你或许知道复眼的概念。很多虫子长的都是复眼，由很多小眼组成，共同成像给感光细胞看。屎壳郎就有这么一双复眼，在光线暗淡下来时，屎壳郎眼中的神经网络能够从相邻的感光器获取信号，还能将这些信号多保存一段时间。随着光线强弱变化，屎壳郎的复眼也在不断变化，总能抓住哪怕一点点光亮。

2010 年瑞典隆德大学生物学教授埃里克·沃伦就是模仿屎壳郎的眼睛，开发了一种全新的数码照片算法，通过从相邻的像素点获取信息，判断微光下拍摄的图像中哪些地方包含信息量、哪些地方不包含。这样研发了 3 年，竟然能在人眼几乎完全看不到的一片漆黑中，拍摄出彩色的动态图像。

这种技术用处很大。驾驶员夜里经常看不清道路，如果用夜间拍摄仪再把这些视频在车里播放，开车就安全了许多。一些需要严密保护的建筑，夜里用几个夜间拍摄仪对着外边一扫，哪藏了人根本就瞒不住他们。

你看，哪怕是屎壳郎、蟑螂、小鼠都有值得我们学习的地方，视力真是个奇妙的能力。

从细菌到宇宙

生命科学的N个
超大脑洞（第一辑）

下册

张周项　陶勇　　著

东方出版社
The Oriental Press

目　　　录

第 八 章

多少动物的智力，
相当于七八岁小孩？

—— 智力与人类的关系

每次去海洋馆，在喧闹不已的海豚池旁，被呲了一身水的讲解员都会抹抹脸上的水珠，指着肇事海豚提到这么一句话：这种海洋动物智商仅次于人类，甚至能达到七八岁小孩的水平。

　　去动物园看黑猩猩、大猩猩，讲解员经常会展示下黑猩猩用来掏白蚁窝的棍子，面带微笑告诉大家：在动物中，黑猩猩智商超群，甚至能达到七八岁小孩的水平。

　　家里养的狗去兽医院做检查，有的兽医也会摸摸狗背，带着慈爱的目光告诉你：狗属于智商很高的动物，甚至能达到七八岁小孩的水平。

　　不知道七八岁小孩的智商究竟是什么水平，怎么一天到晚净被拿去跟海豚比、跟黑猩猩比、跟狗比？那么问题来了：动物的智商是怎么测量的？人类智商与动物相比，有什么本质不同吗？

动物智商的测量：走迷宫、照镜子

七八岁的小孩一般上小学二年级。按照人教版教材进度，这时的小朋友已经学了10以内加减法，学了拼音，能认识几十几百个汉字，能歪歪扭扭地用铅笔写几十字的小作文。海豚、狗连手都没有，黑猩猩的手也和人类差距巨大，让它们在这方面跟小孩子比，看谁能写的字多，那简直是为难人家。

但这不代表动物的智商就没法测量。2008年，英国第五频道电视台"非凡动物"栏目播出一段现场视频，一只名叫"阿尤穆"的7岁黑猩猩与一名30岁的人类比拼记忆力，结果黑猩猩完胜。

比赛中，黑猩猩和人面前都摆个触摸屏，屏幕上显示10个左右的色块，每个色块里都有一个不同的数字。一小会儿后，数字消失，色块留下，两位参赛者凭着记忆按数字从小到大的顺序依次点击色块，用时少者胜出。一声哨响，两位开抢，最后人类用时竟然是黑猩猩的好几倍。

这个故事告诉我们，黑猩猩不仅能认识数字，而且能理解数字

大小，还能记住数字的位置，对位置的记忆力比人强。或许有人说这只黑猩猩是万里挑一选出来的，但那位人类也不是路人甲，而是一位专业会计师，曾在30秒内记住一副打乱的扑克牌的顺序，并以此获得记忆力冠军。

要识别数字，还得记住数字排列顺序，这要求对黑猩猩还行，对别的动物可就有点高了。比如，对小鼠进行智商水平的测量，就有两种常见的方法，要么镜像识别，要么走迷宫。

法如其名，镜像识别就是在动物面前放一面镜子，让动物跟自己的形象面对面，看动物能多久认出来那是自己。这是美国进化心理学家戈登·盖洛普于1970年开创的。一般认为，这个测试比较公平，要知道人类刚生出来甚至在婴儿时期都认不出来镜子里的那个人就是自己，一般要花将近一年时间才能接受这一事实。

从这一现象提炼，再加上脑科学的发展，科学家们达成一个共识：自我意识是智力产生的前提，认识自己才能认识世界。于是动物脑科学家们一发不可收拾，海豚、大象、大猩猩、类人猿，甚至喜鹊、乌鸦都没能逃过被摆镜子的命运。那么科学家们是怎么判定动物认出了自己呢？通常的做法是给动物身上自己看不到的部位抹块颜料，当动物照照镜子就抹去那块颜料时，基本能确定它们是认出了自己。

盖洛普教授这实验做了多年，至少在他手下，只有黑猩猩和大猩猩通过了测试，大象、乌鸦之类的全军覆没，但海豚的表现引发不少争议。在纽约水族馆和美国国家水族馆的海豚们开始也和别的动物一样，对着镜子里的家伙龇牙咧嘴，但跟镜子斗争一段时间后，它们似乎不再把镜子里的家伙当敌人，而是细细观察其身体，甚至还有海豚调整自己的角度好看清镜中豚。但当有科学家给海豚身上抹颜料时，它们并不是往墙上蹭身体那个部位，而是往后找墙，想在墙上擦掉那块颜料。

这下科学家可分两派了。有人认为海豚这就算过关，有人觉得这不还是没有擦掉嘛！

后来这招被用来做人工智能的测试去了。2010 年，意大利一家机器人公司把他们产的机器人 Qbo 放到镜子前，对话时机器人冒出这么一句：

"这就是我啊。很好。"

这事在当年引起了极大轰动，但即使是 Qbo 公司的开发人员，也不认为 Qbo 通过了镜像测试。他们在网站上解释道，当时 Qbo 正在学习认识周围的物体，对它来说"我"只不过是一个名词，是它给镜中机器人起的代号，它并没有把这个"我"与真的"我"联系起来……有点绕，但机器人没有自我意识确实是共识，即使当前

大火的 ChatGPT, 也不被认为有自我意识。

回到动物, 无论是否被认为通过了镜像测试, 海豚智商高是公认的。在各大水族馆中, 海豚都是饲养员的好宝贝, 它们是能够感知到人的情绪并作出反应的。如果面对的是新饲养员, 它们有时候会耍点小聪明骗骗对方, 让饲养员绕着池子跑; 如果饲养员不开心, 它们甚至会伸半截身子出来抱抱; 还有过视频记录, 海豚在那一动不动, 套路饲养员来到池边查看, 然后忽然喷对方一身水。

在镜像以外的测试中，海豚会看电视，能对电视上的移动画面表现出极大的兴趣。美国曾有一只名叫唐纳的海豚被布条蒙住双眼，却依然能通过水流声判断并模仿饲养员的动作，这不仅牵涉声音感官出色的性能，更牵涉海豚对动作的理解以及在自己大脑里重构。

还有海豚被观察到是艺术家，会在游泳时故意去水下吐泡泡，然后观察这些泡泡的形状，把后者当作自己的一件艺术品。家有儿女的都知道，在浴缸或泳池里吐泡泡是小朋友们的最爱，从这个角度上看，海豚还真挺像小孩子的。

跟镜像测试比起来，迷宫测试有很简单的版本，小学生在家就能做。用纸板搭个T字型通道，一边末端放食物、一边不放，然后把家养的狗、猫、仓鼠饿一小段时间再放到起始点位，看它们往哪边走。实验室里用仓鼠居多，一般来说仓鼠训练几次后就能记住哪边放食物，下次专选那边。

这个测试还能进阶。逻辑进阶好操作一些，在T字型通道的两个末端轮流放食物，看动物们能不能判断出来。可别小看这一改动，在一个末端放食物考验的是记忆力，在两个末端轮流放食物考验的就是逻辑判断力了，不少仓鼠表现出智商不太够用，没法顺利找到吃的。

　　结构进阶就得动手改造整个通道，比如把两个通道末端改成八个末端，给有些不该走的末端通上电流作惩罚，甚至把迷宫的个别通道移到水中，让能游泳但并不热爱游泳的动物必须游泳才能到达平台。

　　总之花样越多，小动物们通过的概率就越低。这就看出来人类对其他动物的智商压制了，人类走这些迷宫可都是轻轻松松，哪怕智商不那么出类拔萃的，也基本都能搞清楚两个通道轮流放食物的规律。

人类智商碾压：
脑子大、褶子多

那么，人为什么在智商方面碾压其他动物呢？

这事首先要追溯到解剖学上去，人脑是真的很大。从质量来说，人脑占体重的比例要比绝大部分动物都大，而且大了不止一点两点。

20世纪70年代，美国加州大学的哈里·杰里森博士提出"脑体比"概念，其计算方法：脑体比 $= \dfrac{m_{\text{脑}}}{0.12 m_{\text{身体}}^{2/3}}$。2/3 次方不难理解，因为大脑中起最重要作用的是灰质，形成一层表面、呈平方比增加，所以要有个不同的次方好跟体重达到同一层级。至于他为什么要选择这么一个非整数倍数呢？有一种可能性是为了结果简单，因为这么计算起来，很多动物，大到长颈鹿与骆驼，小到老鼠，其结果都能落在 1 附近。

人就不一样了，人的计算结果达到 7 以上，远超一般动物。其他灵长类动物的脑体比也在 5—6 徘徊。这么一算大象就很吃亏了，也就在 0.8 左右，比老鼠还小点。

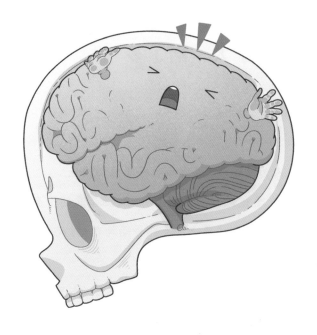

　　除了大之外，人类大脑还跟包子一样有大量褶子。中学生物课上教过人脑结构，里边有各种沟回，大大增加了表面积，也就在颅骨内这点狭小、有限的空间里增加了神经元的数量。

　　大脑沟回可不是所有动物都有的，而是高等哺乳动物的专利，动物越高等，沟回就越明显。比如，海豚的大脑沟回比人类都多。大部分动物的大脑都很光滑。比如，老鼠的大脑就跟一块豆腐脑差不多。而且人类大脑有个特点，每个人沟回都不一样，千奇百怪。同为灵长类的黑猩猩，兄弟之间大脑沟回就几乎一样。2020年，《自然》上的一篇论文猜测，人类大脑沟回的形成有可能就是个单纯的物理过程，是大脑太大，颅腔内放不下，硬挤出来的。

质量大、内容多，人类大脑的神经元数量自然也多。你或许听说过人脑神经元的不同数据，有说140亿的，有说860亿的，这是统计口径的锅。目前公认的数据是，人类大脑皮质包含大约140亿—160亿个神经元，小脑中有550亿—700亿个神经元，860亿的说法就是来源于二者上限之和。

小脑是管运动与肢体协调的，其神经元数量是大脑的好几倍。这事或许看起来让人惊诧，其实人类这一比例算低的，大象的脑神经元就大部分分布在小脑上，象鼻子的高度灵活性就与其有关。至于蜈蚣、马陆那种几十条腿却没啥智商的动物，运动神经细胞比例就不知高到哪里去啦。

脑子大、细胞多，这些构成了人类大脑运算能力强的物质基础。人脑质量不过占体重的3%左右，消耗能量却占了20%，这就是人脑的强大之处。

需要指出的是，大脑大、神经元多并不与智商高呈绝对正相关，而仅仅是智商高的一种解剖学基础。特别是对人类内部比较，脑容量更是不能作为衡量智商的指标。1907年，有一位叫斯皮茨克的科学家公布了他掌握的115位名人的大脑重量数据，其中俄罗斯作家、《父与子》的作者屠格涅夫，脑容量高达 2012 克，美国诗人惠特曼，就是以《草叶集》传世的那位，脑容量不过 1282 克。你或许没读过《草叶集》，但你一定读过他哀悼林肯遇刺的诗："啊，船长，我的船长。"

有人开玩笑说，这两位文学巨匠的脑容量与他们写作的篇幅成正相关。不过可以确定的是，脑容量与他们的智商可是确定不成正相关。在结构上，人类也拥有独家宝贝——语言中枢，能把物体抽象成概念存储下来。

人类大脑，越用越强

　　人类对大脑和智商的研究还处于比较初级的阶段，目前也只有一些猜想和初步结论。

　　猜想之一就是大脑越用越强。1911年，西班牙生物学家桑提亚哥·罗曼·卡加尔提出假设，认为脑细胞越用越大。早在1874年，达尔文就通过解剖指出，家兔的大脑比野兔的小，并认为这是因为家兔世世代代被圈养着，不用动脑子解决食宿问题导致的。这份140多年前的结论是否正确，我们先不作判断，但野兔在野外寻觅食物、躲避天敌当然不只要用到腿上的肌肉，而且要依靠大脑、小脑的高速运算。

　　干枯的草和鲜嫩多汁的草，哪种更好吃？这需要兔子长期养成的记忆力；后边有狼，前边是个岔道，往哪边跑合适？这需要兔子的逻辑判断力；被狼追啊追，兔子跑啊跑，啥时候来个180度大转弯，把狼甩掉？这需要兔子有更高级的思考、危机管理能力。而且兔子腿上的每一块肌肉调动、每一根脚趾的移动都需要动脑子。难怪在野外抓到的兔子脑子大，脑子不大的早就死亡了。

人就更不一样了。人与其他动物相比，有一个特别的器官，那就是双手。前边提到过视网膜号称人类"第二大脑"，其实这个称号不止视网膜独享，有人也把手称作"第二大脑"！

为什么呢？因为手的运动极其复杂。有个小实验可以很方便地操作，五个手指头可以依次往下弯，但有没有人试过食指与无名指一起往下弯？或者大拇指、中指、小拇指一起往下弯？第一次试着弯，总会发现别的指头不由自主地跟着弯，往往要练好多次才能顺利弯折。这是因为操纵五个指头的神经有一定交叉，但依然是分离的。但脚趾头就完全不一样了，大脚趾还能独立活动，四个脚趾头可是牢牢绑定在一起的，很少有人天赋异禀能分别动。

体现在大脑皮层上，控制手精细运动的皮层占比是最高的，几乎占到1/4到1/3；体现在神经纤维上，人手部有100多万根神经纤维，远远超越其他动物。握笔、用筷子、打字都需要手指精细运动，这也是促使人类大脑进化的重要因素之一。有了灵巧的双手，人类就能制造、使用工具，所以人脑对工具十分敏感，不止一个研究团队测试过，人类看到工具时会有特定的脑区活动，看到手的形象时则会有另一部分特定脑区活动。

2021年，英国昂立亚大学的研究团队安排志愿者们在暗室中抓握工具，并通过磁共振扫描其大脑信号。后来他们发现，在判断

志愿者能不能准确抓到工具时，对手的形象进行反应的脑区给出的信号，比对工具形象反应的脑区给出的信号更靠谱。

直白一点说，就是控制手的脑区分管事项比较多，抓握工具也得靠它，而不是靠分管认识工具的脑区。

所以在人的进化中，大脑与双手是共同进化的。早在1999年，德国路德维希—马克西米连大学的生物学家普茨 (R.V.Putz) 和图波瓦 (A.Tupperware) 就发表论文《手的进化》明确指出："手的进化可以认为是大脑在表达上的发展。"随着人类脑科学的进步，这一结论越来越明显。

手其实不是人类的独家器官，其他灵长类也有。与它们相比，人类还有很多优势，其中之一在于童年期更长，这意味着人类的学习期、大脑的成长期更长。

灵长类动物的大脑都是高度特化的，但特化的程度还是有区别的。恒河猴到 4 岁就性成熟，其大脑也随之成熟不再生长，这就意味着其大脑成长周期只有短短几年，此后学习能力会有所下降，大脑结构也倾向于定型。但人类不一样，大脑到 20 岁左右才基本定型，这就意味着大脑有更多的机会发展升级自己，天花板更高。

随着人类文明继续前进，人均受教育年限也在拉长，教育知识密度也在增加。100 年前，受过五六年高小教育就是小知识分子；十几年前，高中毕业进厂打工还是常态；搁在今天大专已经成很多行业的入行底配，一些尖端点的行业，更是需要硕士研究生起步，义务教育还是九年，人们需要的受教育年限却成了 15 年、16 年、19 年，甚至终身。

正是这些终身学习的大脑，打开了人类面前的一扇又一扇门，在多个领域做出了突破。这些大脑积聚的人类智慧，让人类飞向太空，潜到海底，摸清了整个宇宙的规律，看到了构成万物的最小粒子，思想早就突破了身体的极限。

但即使是这些终身学习大脑中的佼佼者，聚集在一起也没能把自己研究透，人类的脑科学对自身认识还有很大发展空间。

　　也正因为人类脑科学还比较初级，所以还有很多谜题解决不了。比如 2007 年，一位法国人去医院做脑部检查时，医生发现他的脑室脑脊液太多，直接把原来的脑组织给挤压到一张纸薄，聊胜于无。但这位法国男性智商约为 75，至少不属于低下。他的家庭生活一

切正常，他还在法国当着公务员，朝九晚五地上着班。

　　这一案例不仅为医学界提供了研究素材，也为法国人提供了自黑素材，一些法国群众纷纷表示，原来在法国当公务员是不需要脑子的。

一个小插曲：
梦境记录仪

　　到了法国人自黑这一步，本章本该到尾声了。但关于智力与大脑有一个小插曲挺有意思的，还是分享下吧。

　　在多家短视频平台上，有人上传过小狗梦游的视频：小狗侧躺着，肚子一起一伏睡得挺香，还隐约传来一阵阵鼾声。忽然小狗脚开始动起来，动的幅度越来越大，最后干脆开始侧躺狗刨式跑步，然后在一阵汪汪声中醒来。

　　手机前的观众大笑不已，小狗一脸蒙圈。

　　现在我们知道，做梦是人或动物在睡眠时，部分大脑皮层保持兴奋导致的。因为只有一部分大脑醒着，所以对世界的感知模模糊糊，梦也经常断断续续。但这事狗不知道，所以小狗在醒来时会纳闷自己刚才还在被大狗追咬，怎么转眼间就回到温暖的小窝里了？

　　既然做梦是大脑皮层的兴奋，那能做梦的动物大脑一定要足够高级才行，至少得能兴奋，而且能一部分兴奋，另一部分不兴奋。

所以会做梦的动物并不多，以哺乳动物为主，小狗做梦属于正常。

长久以来，人类对梦的认识都以释义为主，颇带点玄学色彩。2016 年，日本京都 ATR 计算神经科学研究所独辟蹊径，用功能磁共振仪器扫描志愿者的脑部，记录下他们的脑电波信号。

然后就到痛苦环节：当磁共振仪器探测到志愿者特定脑波，判定其属于能做梦的早期睡眠时，研究者就会把志愿者叫醒，温柔地问他们刚才做了什么梦。然后再让他们接着睡，等睡差不多了再摇醒，往复循环！

通过这种方式，研究团队记录下每位志愿者梦中形象与脑波的对应关系，就能大致记录下他们的梦境。这样的好处是比较精准，能做到脑波与梦境一一对应记录下来，坏处是比较费志愿者，不少志愿者干着干着就不愿意干了，给啥好处都不愿意干！

研究团队表示，他们的主要目的是研究梦的意义，但他们这么操作确实能提取出人梦境的内涵。磁共振仪并不是什么特稀罕的装备，很多医院都有，好在迄今为止这么痛苦的实验别的地方还没做过。

期待脑科学多进步一些，也不辜负这些志愿者的付出。

第 九 章

为什么说氧气
曾经是一种毒气？

—— 人类呼吸系统的作用

氧这种元素，怪怪的。

一方面，我们都知道氧是万物生存须史不可或缺的元素。人不呼吸氧气会死亡，去高原低氧气含量的环境里还会出现反应，需要加点纯氧才行。所以青藏高原的很多房间里都有氧调，跟内地的空调一样，只是里边释放的不是冷气，而是氧气。

燃烧的蜡烛被罩进玻璃罩子里，消耗完氧气就会熄灭。在罩子里的小鼠，等里边氧气耗光也无法生存。也正因为如此，清代化学家徐寿在翻译元素周期表时，给这种元素命名为"养"气，即滋养万物之气，后来才规范写作"氧"。

另一方面，我们对氧化唯恐避之不及。你敷的面膜，包装上有抗氧化作用；你吃的不少食物，广告里也说能抗氧化，甚至还给你普及了自由基的概念；有一段时间石榴籽被疯抢，也是因为据说能抗氧化。

那么问题来了，氧究竟是个什么元素，怎么一会儿是天使，一会儿是魔鬼呢？

要回答这个问题，故事要从 38 亿年前讲起……

氧气曾经是一种毒气

　　一个很偶然的机会，原始生命诞生在那电闪雷鸣的原始海洋里。你或许听说过米勒实验，这位芝加哥大学的研究生于1953年准备了个烧瓶，其中充满还原性气体，他再对里边放电火花，结果得到氨基酸。这一实验证明，在充满甲烷、二氧化碳的原始大气中，闪电是可以产生有机物的。

　　用今天的眼光看来，生命诞生时的环境堪称地狱。

　　地面上，到处是喷发的火山与流动的熔岩，几乎没有一处安全的落脚之地。

　　气温比现在高50摄氏度左右，稍微一波动，水都能沸腾。

　　大气中几乎全是二氧化碳和甲烷等气体，氧气含量极低。

　　由于没有氧气，也就没有高空臭氧层，紫外线和其他来自外太空的射线肆无忌惮地倾泻在地球上。

　　所以原始生命只能躲在海洋里，靠厚厚的海水躲避岩浆的高温，遮挡紫外线的侵袭。这时的生命不过是一点核酸与蛋白质的简单组合体，靠生存下去的本能在原始海洋里一点点复制自己，比今

天的大部分病毒结构都要简单。

高温、紫外线、岩浆……这一切对生命来说都很可怕，但唯独在氧气的问题上，不能拿今天的眼光看待38亿年前的过往。

氧，是一种化学性质十分活泼的元素，能与太多元素发生反应，这一过程就叫氧化。你或许还记得中学时的化学课，带火星的木条放在纯氧中猛烈燃烧，火焰明亮；平时顶多能烧红烧熔的铁丝，在纯氧中也成了可燃物，出现大量火花。

今天的大气里有21%的氧气，绝大部分物质都逃不脱被氧化的命运。你咬了两口的苹果，放在桌上一会儿就变色，这是果肉被氧化；电线杆上的铁杆生了锈，这是钢铁被氧化；甚至连石头都逃不过，原本白色的大理石放一段时间就发黄，这也是被氧化。

就原始生命那简单的结构根本没法抵抗氧化的作用。如果生命诞生时大气含氧量和今天一样，那估计原始生命一诞生就会被分解掉，后来这38亿年的生命旅程根本就无从开启。

所以对原始生命来说，氧气是一种强烈的毒气，原始大气氧气含量低才给其生存下去的机会。

但是，氧在氧化物质的过程中会释放能量，燃烧就是一种比较剧烈的氧化放能活动。在我们体内，氧气时时刻刻都在氧化物质，释放能量供我们活下去。原始大气中没有氧气，原始生命也不会呼吸，那从哪获取能量呢？

答案是化学能和光能。

在生命科学上，最初的原始生命被分类为"厌氧化能异养生物"，翻译过来就是不依靠氧气、而是利用化学能从外界获取能量的生物。后来一些原始生命进化出光合作用的能力，开始从阳光中吸取能量。大约35亿年前，蓝细菌进化出来，其光合作用的副产物是被所有生命嫌弃的氧气，海水中的含氧量由此开始大幅度升高。

31 亿年前，或许是一个偶然的基因突变所致，又有一些细菌获得了与氧共生的能力，能让体内一部分有机物与海水中的溶解氧反应，从中获取能量支持自身发展。

说得壮烈一点，就是燃烧自己，寻求更大的发展契机。

这些细菌被后来的人类叫作好氧菌，那些依然不敢接触氧的细菌则被叫作厌氧菌。如果把生命比作一辆车，好氧菌就是装备了燃油发动机的汽车，从厌氧菌到好氧菌是从马车到汽车的进化，约等于细菌界的工业革命。

很多证据表明，17 亿年前，一种能高效利用氧气的细菌被别的细菌吞噬却没有被消化，而成为吞噬者内部的细胞器，叫线粒体。这等于给燃油发动机升个级，大量生产并装进更多汽车里，从此汽车得到大幅度普及。

汽车有了，那汽油呢？

在同样一条时间线上，24 亿年前，蓝细菌释放的氧气在海水里达到饱和。多余的氧气开始进入大气中，从此大气氧含量与日俱增，这叫作大氧化事件。

氧含量升高，对于好氧菌是再好不过的消息，因为那就意味着它们新装上 7 亿年的燃油发动机有了源源不断的燃料加持。但氧不易溶于水，百分之一的含氧量已经是极限；要想获得更多的氧、更有效率地燃烧自己，只能离开海水直接接触空气。

但离开海水谈何容易，来自太阳的紫外线源源不断倾泻在地球上，如同今天的紫外线消毒灯，足以杀死所有没有海水遮挡的生物。所以生物只能躲在海洋里，看着大气中的氧气眼馋。

直到 6 亿年前，随着氧气在大气层中的含量不断提高，部分氧气分子跑到高空，从 O_2 变成了 O_3，并在离地面 20—25 公里的高空形成臭氧层。

从此地球生命有了一把遮挡紫外线的自然之伞。

从此这个世界天翻地覆。

臭氧层形成后，地衣及各种植物首先登陆，花 2 亿多年的时间在陆地上造出青山绿水。3.75 亿年前，一些鱼摆脱了海水的束缚，登上陆地。再往后，那些鱼进化出了四肢，成为陆生动物最早的祖先。霸王龙、猛犸象、剑齿虎……一种种动物来了又走，一直到150 万—250 万年前，最早的人属动物出现并繁衍到今天。

正因为如此，人类才会在抗氧化上如此纠结，一方面要时刻氧化自己获取能量，需要爆发时甚至会大口呼吸，瞬间剧烈氧化好获取大量能量；另一方面总想尽量避免那些不必要的氧化，让自己氧化的过程变得久一些，生存的也更久一些。

回看过去这 31 亿年，那些选择拥抱氧气、燃烧自己的细菌已

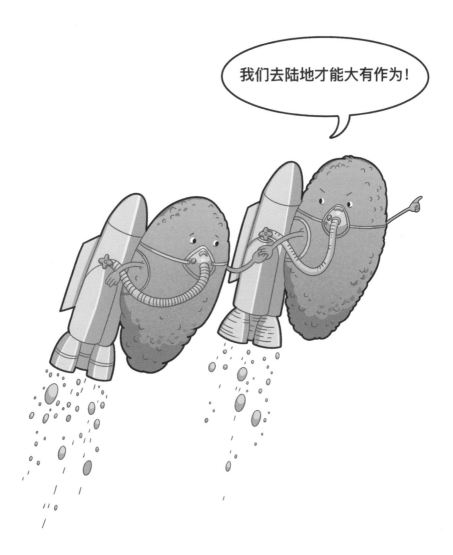

经进化出多种生命形式。包括人类在内，今天所有的动物与植物以及大部分微生物都要呼吸氧气而生存，体内都有好氧的基因，某种意义上都是那些好氧菌的后代。

那些拒绝氧气的细菌，历经 31 亿年仍然是细菌。

呼吸系统的进化

　　氧气本质上是一种毒气，是加速生物化学反应的利器。但经过 31 亿年持续不断的呼吸，地球生物已经习惯从这种毒气中获取能量，让自己的生命变得精彩。何止习惯，生物都呼吸上瘾了，变得须臾不可离开，一旦呼吸停止，生命也就完蛋了。

　　为更好地获取能量，燃烧自己，不同的生物进化出了不同的呼吸流派。

　　生物课上大家或许都观察过草履虫，有没有注意过它体表长满了纤毛？那就是草履虫的呼吸工具，草履虫漂啊漂，纤毛摇啊摇，氧就从细胞表面进去了。大部分原生动物都是纤毛派，靠这些毛毛摄入氧进行呼吸。

　　生物课上还有一个让人看了图片就反胃的家伙，叫猪肉绦虫，寄生于人体肠道内，幼虫则可能寄生于肌肉、脑、眼等处。稍等我先吐一会儿。猪肉绦虫属于扁形动物门，这个门下以寄生虫居多，日本血吸虫寄生于人体门静脉处，华枝睾吸虫寄生在人体肝脏处，已经练就了不用氧气也能呼吸的能力，回归到了原始的无氧呼吸状态。

那些有点自尊,不过寄生生活的扁形动物则练就另一种本领,靠体表皮肤和空气或者水直接接触获取氧。方便是真方便,效率也是真低。

你去海边或者水族馆的时候,如果见到过海星可以仔细观察,它表面有一排排的小疙瘩,跟绒毛有点像。那是皮鳃,是它用于呼吸的器官,从海水里吸收溶解氧。同属棘皮动物,海参就用屁股呼吸,让海水从肛门流入排泄腔,连着的呼吸树会摄取溶解氧,再把二氧化碳溶解进海水从肛门再排出去。

绿海龟本来用肺呼吸,在海底捕食休息久了也学了点功夫,通过有节奏地做提肛运动,让海水在肛门、直肠等处进进出出,肛囊里红细胞直接接触海水,获取其中的溶解氧。

如果你小时候像我一样抓过蝗虫,你可能玩过淹蝗虫的游戏。刚抓到蝗虫时,把它的头泡进水里,过了10分钟拿出来还是活蹦乱跳。后来经人指点,把它们肚子泡水里,一会儿蝗虫就一命呜呼了。

这是因为蝗虫和绝大部分昆虫属于气门派。它们没有鼻孔这个编制,而是在肚子上开满气门,通过气门呼吸。或者你也可以理解为,蝗虫等昆虫有很多鼻孔,在肚子上分布的到处都是。

既然满肚子都是鼻孔,那肚子越大当然呼吸效果就越好,昆虫的体型跟空气中的氧气含量关系很大。美国堪萨斯州曾经出土过

一块长达 20 厘米的翅膀化石，后来经过鉴定，确认其属于 3 亿年前石炭纪的一只蜻蜓。那时地球大气含氧量高达 35%，空中飞翔着翼展接近 1 米的蜻蜓，地面爬行着体长大几十厘米的昆虫。

2013 年，美国亚利桑那州立大学的研究者把蜻蜓卵放在高氧气环境中孵化，模拟石炭纪环境，蜻蜓个头果然变大了 15%。他们猜测，氧气含量高了，昆虫就能让气管部分变得更薄，少吸点空气也能满足日常所需，省下来的能量就用在长身体其他部分上了。

通过纤毛、屁股、气管进行呼吸属于比较原始的呼吸流派，高等动物的呼吸方式基本上只有鳃和肺这两种。鳃毫无疑问是先进化出来的，人类胚胎在发育早期就跟鱼挺像的，在咽喉部位有个隆起物叫鳃弓，后来就发育成了下颚、中耳和咽喉的一部分。

在鱼的胚胎里，这个鳃弓慢慢就长成了像梳子一样的东西，里边有大量的细丝，细丝里有丰富的毛细血管，这就是鳃。水流过鱼鳃时，这些毛细血管就吸收水里的溶解氧，同时把呼吸产生的二氧化碳排进水里。

所以鱼呼吸的关键点在于水的流动。有些鱼类口腔肌肉发达，可以直接吸入水流让水穿过鳃呼吸。大白鲨等鲨鱼缺少这些肌肉，只好一刻不停地游动，让水流经过鳃好让自己不被憋死。2021年，美国佛罗里达国际大学的海洋学家甚至发现，有些鲨鱼喜欢在洋流附近睡觉，这样，洋流把水冲入它们口中。它们睡觉时也能省点劲，等醒来了正好到一段洋流的终点，再往回游。

陆生动物则进化出了肺，一般认为这是由试图登陆的鱼的一小节消化道进化而来的。目前可追溯的最早有肺的动物叫沟鳞鱼，生活在大约3.8亿年前，其化石已经具有发育良好肺的印记，推测可能有呼吸功能。从进化的一般过程推测，这种动物应当不是第一种有肺的动物，在其之前应当有一些动物具有初步发育的肺。

如果说从厌氧到好氧是细菌界的工业革命，是马车进步到了内燃机汽车，那从鳃到肺就是从绿皮火车进步到了高铁。水里的溶解氧不过 1%，还随水质、气温、季节变化，大气氧含量却高达 21%，最高时曾经达到 35%，二者能提供的能量密度不可同日而语，能支持的动物力量也差了档次。

餐桌上也能看出来，陆生动物的肉基本都是红的，这叫红肌，富含毛细血管，能提供强大的持久力；鱼肉则以白色为主，爆发力可以，持久力就不太足够。只有金枪鱼和一些种类的鲨鱼等需要长期巡游，肉就以红肌为主，但红肌也是橙红色，跟陆地动物的鲜红色肌肉相比还是逊色了点。

好在鱼的行动模式和陆生动物不太一样，有水的浮力在，不需要大量骨骼与肌肉支撑自己，游动也可以随波逐流，不像陆地生物只能靠四条腿或两条腿。所以鱼白肌比例高不难理解，毕竟只有在捕猎或被捕猎时需要爆发一下，其余时间大可以躺平。

甚至有些海洋生物的血是蓝色的，起作用的是血蓝蛋白，靠铜离子结合氧供能，效果比起用铁离子的血红蛋白差远啦。

所以放眼世界，用肺呼吸却能在水里生活的动物比比皆是，青蛙、乌龟、鲸类都是如此。相比之下，用鳃呼吸的动物却没有一个能在岸上走几步的。

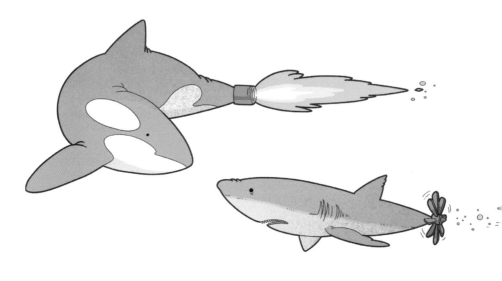

　　虎鲸用肺呼吸，就能吊打用鳃呼吸、体型比自己小不了太多的大白鲨，甚至有海洋学家曾经发现，有虎鲸干掉大白鲨却不把肉吃光，而是只剖开肚腹把肝脏掏出来吃掉，这种浪费式、不光盘的吃法，只有在战斗中占据绝对优势才可能实现。

　　当然虎鲸鲸均个头还是比大白鲨要大的，但单论个头绝对到不了碾压的地步，能无伤击破后者关键在于发动机更强大。

　　在水中用肺跟用鳃的竞争，前者碾压起来后者固然很得意，但前者死亡的过程很痛苦。鲸年老体衰后游泳能力大幅下降，终归有一次深潜后会没有能力再上浮换气，从而在水中被淹死，尸体落到海底成为鲸落。

笔者有个朋友郊游，抓了几只青蛙和小蝌蚪回来养在鱼缸里，可惜他忘了青蛙和蝌蚪呼吸模式不一样，也就没有放石头，结果青蛙活生生淹死在水里。

别问了，我承认这个朋友就是我自己。

甚至一些昆虫也在朝着有肺的方向进化。1998年，加拿大昆虫学家洛克指出，在鳞翅目幼虫中有一个适应血细胞进行气体交换的"肺"结构，它位于昆虫腹部第八节气门与臀腔中的气管处，这一概念在昆虫研究界掀起巨浪。

2010年，来自西北农林科技大学等机构的中国学者研究了8个目37个科的62种昆虫，得出的结论是昆虫的肺呈现从无到有的进化趋势。昆虫生命周期短、数量多，进化也就更快，先进化出肺或者类似结构者将在竞争中占据挺大的优势。

其实在用鳃呼吸的鱼身上，也有跟肺类似的器官，那就是鱼鳔。生物学上已经证实，这是和肺同源的器官，最早试图登陆的鱼在进化出一小节能吸入并储存空气的气囊后，就开始朝着两个方向前进：一部分的气囊器官逐渐进化成了肺，这些鱼最终登上陆地；另一部分的气囊器官进化成了鱼鳔，这些鱼的后代还是鱼，但

获得了在水里自主浮沉的能力。鲨鱼等鱼的体内没有鱼鳔，不游动就会往下掉，一刻不停地游泳也跟这有关系。

非洲和南美洲甚至有一种肺鱼，在水里生活却进化出肺，拥有肺和鳃两套呼吸系统，以此在泥土中躲过茫茫旱季。肺鱼在地球上生活已有 1.5 亿年之久，历经了从恐龙到人类的兴衰，能躲过多次灾难活到今天，跟这种双系统不无关系。

有它活得更好，没有它的想办法要装备一个，肺的确是个好东西。

人类的肺：不算强大，反而较弱

　　既然肺这么先进，那用肺呼吸的人类跟用屁股、鞭毛和鳃呼吸的物种比起来，毫无疑问是进化的大赢家。但肺与肺差别很大，在所有用肺呼吸的动物中，人类算不上很强大。

　　肺的一个重要指标是肺活量，也就是肺的最大容积，这个指标越高，肺功能就越好。人类肺活量的世界纪录是英国人玛吉特·辛格于1998年创造的，他用了42分钟把一个气球吹到直径2.44米，他的肺活量数据没有公布，但应当在15000毫升以上。这样的大神全世界寥寥无几，普通成年人的肺活量也就在2000—4000毫升这个水平徘徊。

　　肺活量小，憋气能力就差。人呼吸中断五分钟就会失去意识，再久就会有生命危险。目前的水下憋气世界记录是一位名叫布迪米尔·索巴特的克罗地亚人创造的，他于2021年3月在水下憋气24分钟37秒，上岸后整个人都因为缺氧而变得不好了。

　　人类肺活量在动物界中排名不是很靠前。这世界上肺活量最大的动物是蓝鲸，肺活量在5000升左右，差不多是人的1500倍左

右，能屏住呼吸在水下畅游。大象的肺活量没有比较精准的数据，但曾经有人拍过一段视频，给大象鼻子上套个气球，2.5 秒就炸了。健康成年马的肺活量大约为 50000 毫升以上。

一定会有人说，这些动物跟人体型不一样嘛，它们的体型比人大。即使计算肺活量与体重的比值，人类也并没有什么优势。成年大鼠不过 300 克左右，肺活量为 10 毫升多一点。一个 60 千克的人，肺活量 3000 毫升属于正常，算下来比值还不到大鼠的水平。

比上不如老虎，比下不如老鼠，这可以说是对人类肺的客观评价。也不能说人类的肺很差，至少排不到前边，不算强。

造成这一问题有很多原因，其中最明显的一个就是直立行走。动物四脚着地，胸骨朝下，在重力作用下自然胸廓会被扩大，人类没这项加成，胸廓要比其他动物相对小。大家都喜欢的胸大肚子小的体型，在拳击运动中被称作"公狗腰"，不少拳击运动员赛前突击减肥要保持成这样。但狗不用锻炼也能自然保持这种体型，不一定是狗的腰细，也有可能是狗的胸廓太大显得腰细了。

既然提到狗了，家里养猫狗的不妨趁着它们侧躺时观察下，看随着呼吸，是不是小肚子起起伏伏的？家里没宠物的，去动物园看野生动物，也是一样的道理。

这是因为肺本身没有肌肉，要伸缩呼吸只能靠整个胸腹腔的肌肉运动，带动气压变化迫使肺变大变小，中学生物课上用塑料瓶做的肺呼吸模型就是这个原理。

绝大部分动物都以腹式呼吸为主，靠肚子起起伏伏带动整个胸腹腔内压强变化，拉动肺呼吸。人类就不一样了，以胸式呼吸为主，靠胸廓的变化拉动胸腔内压变化呼吸。

腹部是肌肉，胸廓是骨头，本来活动范围就更小，再加上人类直立行走，胸廓成了外立墙面，更加剧了其稳定性。而且大部分四脚着地的动物前肢是在胸廓前方，人类的肩带和前肢位于胸廓两侧，这就更使得肋骨的活动范围受到限制。

这样一来，本来体积就被挤压的人肺工作效率变得比较低下，吸入肺中的气体只有15%—17%能压到血液中去完成气体交换。相比之下，海豚的这一数据达到70%，蓝鲸更是达到90%。这些哺乳动物能在海里称霸，那双肺不是闹着玩的！

万事皆有例外，动物界也有大象，四脚着地却也采取胸式呼吸。大象的肺是直接连在隔开胸腹的横膈膜上的，主要靠胸廓变化带动肺部变化进行呼吸。所以大象的肺虽大，跟体重一比，肺功能在动物中排名也不是很靠前。

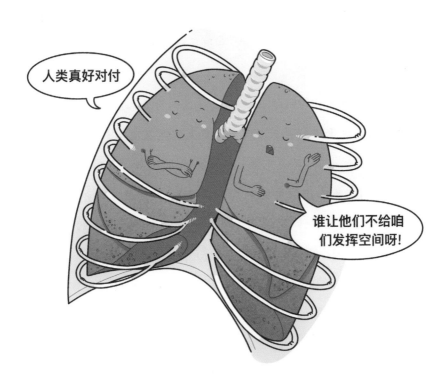

作为人类呼吸系统核心器官的肺，不仅不强大，还经常受伤。前几年把人类折腾得死去活来的新冠，明明是个在人体全身多处都能扎根的病毒，其最典型的症状却是肺炎。最早引起人类注意的也是肺炎，翻翻人类疾病史，不少病毒入侵人体，肺都是第一个受害者。流感暴发几乎是常态，甲肝等肠道传染疾病就很少有大规模暴发的。

这不全是肺的问题。从病毒、病菌的角度来看，人类咳嗽、打喷嚏形成的飞沫就是天然飞机，坐上就能在空气中飞来飞去。从人类的角度来看，肺是气体交换的第一站，是病毒、病菌的天然飞机场，首当其冲挨病毒坑也就不算稀奇。所以危害肺部的疾病更容易引起大规模传播，某种意义上这也是肺为人类做的预警，挨了病毒第一刀后就得立即注意，省得产生大规模瘟疫。

下次当你早起，推开窗子呼吸一口清凉的新鲜空气，请记得这是生命历经磨难，多次试错才实现的奇迹。

为大口呼吸这一天，生命进化了31亿年。

第 十 章

为什么
人类会有性?

—— 生殖对人类的意义

2021 年 11 月，美国有线电视新闻网，就是简称 CNN 的那家，忽然以一则"活体机器人自我繁殖"的消息刷遍全球。在报道中，CNN 表示美国科学家合成了一种"异形机器人"，能像吃豆人一样自我繁殖，还引用一位参与科学家的话说："只要有了正确设计，它们就会自发进行复制。"

这话吓坏了不少人，CNN 足足挣了一大波流量。其实这是美国佛蒙特大学研究团队的成果，最先发表在《美国国家科学院院刊》上，他们是从非洲爪蟾早期胚胎中提取出皮肤和心脏细胞，组装成了一种全新的生命体，并学着热门科幻电影为其命名为"异形机器人 (Xenobots)"。这种机器人由多个细胞组成，能从溶液中收集单个细胞进行自我修复，经过升级后又多了纤毛，可以划水前进。

在 CNN 报道之时，这种异形机器人已经升级到第三代，长得像吃豆人一样，能在培养皿中收集单个干细胞并在"嘴"里堆积起来。堆着堆着，这些干细胞就被组装成了小的机器人下一代，再释放出去寻找收集新的干细胞。周而复始，这种机器人就能实现自我繁殖。

是很神奇，但没有标题党 CNN 渲染的那么复杂，本质上还是生命体在繁殖，并不是让人浮想联翩的那种大黄蜂、擎天柱一样

的汽车人在繁殖。至少到目前为止，繁殖依然是属于生命的特殊能力。其实某种意义上，能否主动复制自己就是生命与非生命的一条分界线，繁衍与生存同属于生命的本能。38亿年前，当原始生命在地球上出现，本质上就是一条含碳的分子链复制自己，变成了两个而已。从扎根山巅的绿松到畅游大海的蓝鲸，从新出道肆虐人类的新冠病毒到早已成为历史的恐龙，地球上的每一个生命个体都是原始生命的后代，是那条碳链自我复制的产物。

无性生殖：
简单，但脆弱

自我复制这个基础核心技能，最早诞生的微生物自然全盘继承了下来。地球上最早的古菌十分简陋，中心是一个简简单单的细胞核，内含遗传物质，外边包着支持生命的细胞液，以及像个口袋一样把这些囊括起来的细胞膜等。复制也简单，一个核慢慢长成椭圆形，中间开始慢慢变细，最后变成两个。细胞自己也变成两个，分别把自己的所有物质轻轻打包起，互道珍重、各奔东西。

这就是最原始、最简单的生殖过程，无性生殖、分裂生殖、指数生殖指的都是它。这种生殖方式的优势很明显，指数是隐藏在数学中的魔鬼，高中数学里就教过那个著名的棋盘故事，从国际象棋棋盘第一个格放一粒米算起，一变二、二变四的话，很快就超出整个地球全年大米产量了。

我们猜想微生物不懂数学，但我们也发现微生物很好地利用了数学。

劣势也很明显，无性生殖出的所有个体都是复制粘贴的结果，理论上都是一模一样的，敌人只需要研制出来一个杀招就能干掉整个种群。在氧气是毒气那一章里就有绝佳的例子，最早的古菌们都怕氧怕得要死，一不小心就会被氧化，一毫升的氧气足以团灭几亿、几十亿个细菌，把它们的结构彻底拆散，保证再也粘不起来。

那怎么办呢？生命有自己的办法，那就是突变。原始生命应当是蛋白质，但从蛋白质直接生产蛋白质未免太初级了点。于是生命逐渐进化出了基因这个小本本，由AGTC四个碱基对组成，把生命所需的蛋白质编码记在上边；把小本本复制粘贴一遍传给下一代，下一代就能照猫画虎，生产出一模一样的蛋白质。

有了小本本就有了修改的可能，一个质子飞来没准就把碱基对打掉一对，然后生产出来的蛋白质就错了。

蛋白质错了可能是坏事，也可能是好事，因为可能生产出完全不同的蛋白质，这就是基因突变。基因因为很"突"然的作用发生了"变"异，产生了新的功能蛋白质，改变了生物的性状。为什么古菌本来都怕氧，却忽然产生了喜欢氧的异类？那就是突变的功劳。

但突变有自己的弱点，不确定性实在太高。编码错误确实可能生产出新的蛋白质种类，但更大的可能是什么蛋白质也生产不出来，更何况生产出来的新蛋白质适应环境的概率也是极低。一百万次基因突变中，可能只有一次能产生新的蛋白质品种；一百万个新蛋白质品种中，可能只有一个能适应环境。

所以好消息是进化有基因突变这个动力，坏消息是这种动力十分微弱，作用极其缓慢，其效果需要百万年才能显示出来。原始生命诞生后，花了7亿年才突变出能利用氧的基因，照这么个速率下去，到今天地球上应该还是海绵、水螅等简单动物和微生物的天下，根本没有人什么机会。

有性生殖

　　好在生命开发出了新的、更有效率的生殖方式。化石记录显示，大约 18 亿年前，细胞发生了一次大的进化，细胞核更加坚固、形态也更加明显，这叫真核细胞。

　　有了更强大的内核驱动，细胞变得更大、更复杂，但更重要的是有了一种新的生殖方式。真核生物染色体都是成对出现，开始还老老实实地复制一遍再分裂，后来就开发出了一种新的分裂方式：减数分裂。

　　什么意思呢？就是细胞核在一分为二的时候，染色体先不复制自己，而是把本来的对子一拆为二，这样就出现了只有一半染色体的特殊细胞。你一半我一半，两个这样的细胞凑一块，一个崭新的细胞就来到了这世间。

　　这个新细胞绝非上一代细胞的简单复制，而是经历了排列组合。它身上成对的基因分别来自两个细胞，可能同时具有两个老细胞的优点，也可能同时具有两个老细胞的缺点。单个细胞是优点还是缺点并不重要，细胞动辄以亿计数，里边总有优点组合到一起的。

于是在有性生殖出现后，细胞开始了内卷与更新。缺点太多的自然会被淘汰、优点多的才会存活下来继续繁衍后代，经过几代繁衍之后，新的微生物种群就已经取代了旧的微生物种群，好不容易突变来的好基因就这样组合到了一起。

我们依然假定微生物不懂数学，但它们再次利用了数学的魔力，依靠排列组合解决了进化问题，让进化的速率一下变快了。

本质上，有性生殖也是个概率问题，谁也没法保证好的性状一定能聚集到一个个体身上。做个简单的数学题就能看出来，如果有三个基因，每对基因有好的与不好的两种性状，那一个个体同时具有三个好性状的概率只有1/8。随着基因数目增加，性状的组合会以指数上升，全优性状的概率也就成了2的n次方分之一。但这还是比基因突变相对靠谱很多，因为全优性状之外还有次优性状、半优性状等多种组合，都有活下来的可能。

而且基因突变不具有可逆性。一个质子飞来，就可能打掉一个碱基对，从而突变出一个有害变异，但谁也不可能指望着这个碱基对再长出来吧！所以有害突变一旦出现，再突变回去的可能性极低。其结果就是，这个生物及其后代不得不带着有害基因生存繁衍、有害基因代代相传，没有任何办法摆脱这个诅咒。有害基因积累的多了，整个种群都活不下来。

　　这个问题被有性生殖创造性地解决了。不就是有害基因吗？一对基因总不至于同时经历同样的突变，所以总会有一个是好的。好坏一组合，哪怕 100 个里边有 99 个都携带有害基因，都淘汰就完事了，剩下那个继续繁衍，形成新的种群。

　　这就是有性生殖的哲学意义：个体与种群的关系被割裂得更为彻底。种群可以更方便地牺牲携带有害基因的所有个体，从而保住种群自己。

生殖流派

有性生殖出现后，物竞天择的规则就变了。本来繁衍这事自己能解决，能打能吃就可以，抢占够有机物资源就能复制自己，但自从有了有性生殖，就还需要找到另一半，合作起来才能把自己的基因传下去。

这事在动物界体现得尤为明显，为实现这一本能，动物们各显神通。花枝招展的鸳鸯、开屏的孔雀、拿角互怼的驯鹿大家应该都了解，这里就列几个狂野奇异派吧。

草履虫相信大家都不陌生，是生物课上首先进入同学们视野的单细胞生物。这种生物虽然只有一个细胞，却拥有无性、有性两套生殖模式，两只草履虫口沟与口沟对在一起，然后贴合处的细胞膜溶解，逐渐贴合成一个，内部的核再经过分裂、交换、融合、再分裂，变成8只草履虫。刘慈欣在《三体》中，就把三体人的繁殖过程描述为"两个三体人贴合在一起，然后分裂成几个崭新的个体，每个个体拥有部分亲代的记忆"，不知道是不是从草履虫这里得到的灵感。

　　在那遥远的海底，有一种可爱的动物叫海蛞蝓，是鼻涕虫的远亲，通常不过几厘米长。这货长着两只大耳朵一样的凸起，用来感受海水的振动，所以也被人称作海兔。这种可爱的小家伙是雌雄同体，有着相当丰富的性生活。两只海蛞蝓相遇时，会先拿雄性器官相互戳一戳，决定谁当老公、谁当老婆，达成共识后就开始愉快地交配；等交配完了觉得不过瘾，还能换个姿势再来一次，只是这次角色相反，男变女来女变男。而且这些小家伙还喜欢群体交配，一个连一个形成长链，最长的能达到数万只，每次交配几个小时……口味实在太重了。

而且海蛞蝓的生殖器是一次性用品，每次交配完后就会扔掉，再长一根出来。不知道进化之手是怎么给它点的技能，反正足以让全世界绝大多数动物自愧不如。

海绵内部有一种环节动物，学名 Ramisyllis multicaudata，直译就是"多权虫"，拥有分叉技能，从最早一节身体上可以分出成百上千个末端，每个末端上都有消化道。当虫子繁殖时，这些末端会长出脑子和眼睛，从身体上脱落下来变成生殖单元，到处生根发芽产生下一代。

海里的鮟鱇鱼，雌性体长可接近 1 米，雄性却只有几厘米、十几厘米。这种鱼生活在暗无天日的深海，漆黑一片中雌鱼、雄鱼不好见着，于是一旦碰上且互相看上了就再也不分开。雄性先是紧紧咬住雌性的腹部，然后咬住的地方逐渐融合在一起，雄性的眼睛先退化，然后全身各器官也都退化，最后只剩下精囊附在雌鱼的肚子上。

这种生殖方式实在太奇异了，以至于人类发现鮟鱇鱼的 100 多年间，愣是没有捕捞上来过雄性，还以为这种鱼有啥特殊情况。偶尔有人发现雌鱼腹部有还没有退化干净的雄鱼，也是当成寄生虫。直到 1924 年，英国学者查尔斯解剖了一只雌性鮟鱇鱼和它腹部的老公，才揭开这一惊天秘密。当然也有些动物是雌雄同体，可以自已给自己授精，但那样带来的结果是基因多样性不够，在进化中就处于比较不利的局面。连近亲繁殖的后代都容易多病，何况自体繁殖？

所以大部分雌雄同体的动物也要找到另一半才能交配，夫妻双双把娃生。蜗牛就是个很好的例子，全世界蜗牛的壳几乎都是朝右旋转，雄性、雌性两套生殖系统分别位于身体的左右两边，两只蜗牛互相贴起来，把精子互相射给对方即可完成交配过程。所以平时大家看到的蜗牛壳都是右旋的，这样才能互相交配。

你们刚才说你们是来干嘛的来着？

但2021年，有一只名叫杰莱米的英国蜗牛爆红网络，就是因为它是左旋的！跟别的蜗牛爬到一起的时候，就会造成雄性、雌性两套生殖系统互相打架，没法完成交配。

为了不让杰莱米孤独终老，英国科学家为它全球征婚，总算征来两只左旋蜗牛，没想到那两只互相看上了，秀恩爱把杰莱米晾在一边。后来那两只蜗牛又生了小蜗牛，却都是右旋的，杰莱米看来真的只能孤独一生了。

人类的生殖，包括性暴力、种族灭绝、一夫一妻制等

人类也是动物。对人类来说，生存、繁衍同是本能，生娃是解决温饱问题后要考虑的第一要务。

从生理上看，人类的交配方式在哺乳动物中属于比较常见的插入式。男性生殖器插入女性生殖器中，通过摩擦刺激双方感觉，最终实现射精，完成交配。但与绝大多数动物不同的点有两处：首先，人类有手脚的分别，而且躯体能完全伸直，能实现面对面拥抱式交配。相比之下，哺乳动物常见的是后入式交配，要么背靠背，要么雄性骑到雌性身上。

面对面拥抱式交配使得人类更容易与性交对象产生感情，这也是人类建立社会的基础。

其次，人类是一年四季七天二十四小时都能发情的动物，随时随地都能交配。性快感可以说是人类最强的快感，没有之一。这种快感也并不是所有动物都有的。动物中，一年四季都能发情的种类可是很少的，随时随地能拉出来交配的就更少了。到访过猪圈的同

学都知道，想让种猪爬到母猪身上是很难的，实在不行还需要饲养员亲自上手，给种猪垫个假阴道诱使它射精。海豚把做爱当作一种玩乐方式，甚至有时候找错海豚，这种不为繁衍而交配的热情在动物中寥寥无几。

不过这也对，人类养娃那么累、成本那么高、要付出那么多，生娃的过程中再没个快感的话，这个物种的延续可怎么保证。

从社会学上看，人类的竞争中往往牵涉大量的性因素。在奴隶社会与封建社会，皇帝或国王们要搞一夫多妻制，"三宫六院七十二妃"，还几乎不约而同地将人阉割，再放到宫殿里侍奉他们。从生物学上看，这些都是竞争胜利者要垄断交配权的姿态。

在古代惨烈的战争中，战胜国的军队占领敌国土地进行屠城，杀戮基本都是和大规模强奸联系在一起的。在第二次世界大战以前的世界中，甚至动辄有种族灭绝的举动。即使在今天的世界，也有恐怖组织占领地盘后掠夺性奴的骇人消息。其目的都能追溯到人类的动物性上去，要剥夺失败者交配、繁衍后代的权利。

这事在欧洲殖民全世界的时代尤其明显。2020年，非洲裔美国人乔治·弗洛伊德被警察执法时以膝盖跪压脖颈致死，引发非洲裔美国人大规模抗议。一位叫卡洛琳·兰道·威廉姆斯的非洲裔美国人女性在《纽约时报》上发表文章称"你想要一个邦联的纪念物吗？

我的身体就是（You want a Confederate monument? My body is a Confederate monument），明确说自己在美国的祖先是因为强奸才出生的，自己的皮肤颜色是'强奸的颜色'"。

卡洛琳姑娘所言不虚。2012 年，美国期刊 PLOS one 曾登出乔治·华盛顿大学等多家机构联合做的基因测序结果，发现在调查的非洲裔美国人男性中，30%—40% 的人 Y 染色体都能追溯到欧洲祖先，只有 X 染色体来自非洲人女性。这说明当时在南方种植园的男性黑奴基本上没有交配权，女性黑奴的一项义务就是给白人老爷们提供性服务。对比一下非洲裔美国人与非洲人不难发现，纯非洲裔美国人并不多，很高比例的非洲裔美国人都是黑白混血，即白人男性与非洲裔人女性的混血。

至于那些曾经身强力壮的男性黑奴，被抓去之后就是在皮鞭下干活干到死，在这世界上连一丁点痕迹都不会留下。

人类性与暴力相连还有一个旁证，那就是人类的生物学分类。中学生物就教过，人类属于动物界— 脊椎动物门— 哺乳动物纲— 灵长目— 人科— 人属— 人种，人属之下只有这一种生物。有没有人疑惑过，为什么会这样？大部分属不是都有很多物种吗，为什么人属人丁稀少？

其实人属曾经有十几种人，但除智人之外都灭绝了。近在

3 万年以前，这世间还有不止一种人，我们只是其中一种，叫智人。后来我们的祖先通过残酷的竞争击败了其他的"人"，赢得竞争的胜利，在这一过程中也获得了交配权。2022 年诺贝尔医学或生理学奖颁给斯万特·帕博，就是为了表彰他在古人类基因学上的贡献，他对已经灭绝的尼安德特人进行测序，还发现了全新的人种丹尼索瓦人。

亚洲、欧洲人体内大约有 1%—3% 的尼安德特人基因，这就说明我们的祖先在击败尼安德特人的过程中也与对方有性交，当然小冲突互有胜负，他们胜利时也有性交。考虑到人类在历次战争与暴力犯罪中展现出的拙劣性，战斗后的性交你们猜是自愿的还是强迫的？

现代生殖技术

　　在技术层面，人类的生殖能力就更强了。有了现代医学的加持，人类对生殖研究的兴趣得到进一步激发，研究到无微不至。

　　首先，人类利用技术在一定程度上解决了没法生殖的问题。出于各种原因，动物中总有没法生育的个体，也就没法完成生殖过程。但在人类这，至少一部分是可以解决的，对男性无精症、少精症、弱精症，女性生殖的一些问题等，都能用试管婴儿的办法予以解决。在很多医院，生殖中心可都是创收的大户，来钱快得很！

　　当然，有些人不愿意有十月怀胎的体验和分娩的痛苦，却想通过代孕生育有自己基因的后代，这在国外不好说，至少在中国是非法的。代孕不是处于法律灰色地带，而是违法的，请大家切勿触碰红线！

　　其次，人类部分解决了优生优育的问题。1959年人类确定唐氏先天愚型的病因，是第21号染色体错误分裂，由2个变成3个引起的。这在当年几乎没有办法预防，更别提治疗，在今天却能通过孕检予以避免。唐筛已经成为孕妇必查项目。

这样的遗传疾病还有很多，人类通过孕检，检测胎儿的 DNA 就能搞定。有些遗传病依然没法治疗，但至少人类可以通过筛查，让孕妇都生出健康的宝宝。

最后，人类甚至掌握了克隆与基因编辑技术，可以通过克隆得到一个一模一样的自己，或者修改基因得到自己想要的后代。这两项技术均早已应用在动物身上，但用在人类身上依然是禁区。

或许有人不理解，为什么克隆人和基因编辑人类是禁区？这就牵涉生殖的另一个特点：单向性。

　　生殖是一个完全单向的行为，亲代在决定生出子代时完全不会考虑后者的意愿，后者也完全没有办法表达自己的意愿。古人一定是朴素地认识到了这点，所以在佛教神话中，生命的诞生靠投胎，普通人自己没法选好选坏；在道教的神话中，则有阴曹地府，会根据人的品行进行判决。

　　哪怕科技再发达，估计也没法在一个生命出生前先征求其意见。某种意义上，生殖有点像生物在注册小号，一个一个练。在自然界中还好说，动物没有伦理概念，生了就生了，这个号养不好大不了弃号再养一个。翻车鲀一次注册3亿个小号，能长成大号的极少，也没见谁指责它们一点。

　　人类就不一样了，每个人类个体都是独一无二的，有自己独特的宝贵之处，有了号就得养，弃养谁都不合适。所以不能对人的生命随意进行干预，自然出生那是基因自然组合的结果，有了重大先天性疾病考虑流产也是现代伦理能接受的，但只为了后代个子更高、智商更高就对其进行基因编辑，一旦出了问题谁能对这个新生命负责？而且谁又能定义哪个性状更好，强行改变新生命的基因，如果新生命不满，那谁又能向Ta交代？

　　当然，就在 20 世纪，人类还曾有过不把人当人的制度，要把人分为三六九等，视他们的民族为最优等，其他的民族被分了层，犹太人、精神病人还要被强制毁灭。这个制度甚至用德国人的严谨开发出了高效的杀人流水线，把人送进毒气室杀掉，取出脂肪做肥皂。

　　那个制度叫纳粹，早已被扫进历史的垃圾堆。

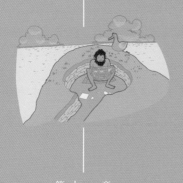

第 十 一 章

莫扎特的情书里，
提到过多少次屎？

——排泄的生理与社会学意义

1777 年，莫扎特，就是你听过的那位钢琴家莫扎特，21 岁了。

这位才华横溢的钢琴家，在这个年纪也是一位春心萌动的少年，德国博物馆里保存着他给表姐写的一封情书。在"吻你""想你""爱你"等词之外，还有自己的一些独特的示爱句子：

"哦，以我皮肤的爱发誓，我要在你的鼻子上拉屎，沿着你的脸颊流淌。"

"我的屁眼像着火了一样。"

"我祝你晚安，在你床上拉泡屎陪伴你，祝你安静睡眠，并从后边吻你。"

不知道他亲爱的表姐看了什么反应，但咱们这本书的读者可以试试，要敢这么给自己心爱的姑娘写情书，估计得被姑娘报警扭送到派出所去！

像莫扎特这样离了粪便不会写字的人并不多。不多就对了，人类对粪便本身就是有禁忌的：释放自然被认为是很私密的行为，不要让外人看到；粪便被认为是很脏的东西，要妥善堆积起来，不能乱放；甚至粪便的形象、意义都不要在正式场合提起，防止别人受不了。就为了取代拉屎这个动词，汉语有各种说法，拉臭、拉粑粑、上厕所、去洗手间……英文也差不多，笔者曾就便溺这点事与一位英国编辑笔谈，一个"shit"到人家那复杂出五种写法，排泄

物"dropping"、大便"poops"、粪便"defecation"、粪"faeces"、大粪
"dung"，比孔乙己笔下的回字还多一种。

那么问题来了，绝大部分动物可不觉得粪便脏，反而还拿来圈
领地啥的。为什么人类会有粪便禁忌呢？

动物的食粪行为

让我们把镜头切换到动物界。从个体粪便的营养角度看，吃粪便不是什么亏本的事。粪便的主要成分有三种，一部分是消化道液与脱落的消化道壁细胞残骸等。比如胃黏膜3—5天就更新一次，组成小肠绒毛的那些上皮细胞也要更新，昨天还在兢兢业业、服务于造粪大业的这些细胞，今天自己就成了粪便的一部分，沿着消化道被排出体外。

一部分是消化道微生物，比如大名鼎鼎的大肠杆菌。这些微生物和人类是共生关系，是和胃肠道细胞一起消化食物的，区别就在于胃肠道细胞是体制内，微生物是体制外。不过也不太重要了，更新周期一到，体制内的细胞、体制外的细菌都会被新人替换掉，自身做完最后一点贡献后，加入粪便大军离开消化道这个大厂。

占大头的那部分是食物残渣，消化干净与没消化干净的都有。这部分内容发挥不是很稳定，运气一般时也就能捡到点毛发与骨头，运气好点时能赶上半消化的肉块，运气爆棚时能在里边找出完整的金针菇，号称"See you tomorrow"，在不同动物的消化道间

无限循环。运气到天花板的话，粪便里边甚至会有蠕动的蛆虫，硬生生变成了一道荤菜。

食粪行为在动物中即使不算常见，也绝对算不上罕见。根据吃的粪便不同，大致可以分为以下几个流派。

吃自己的

初中生物课上就学过，牛有四个胃，能把吃下去的草进行充分研磨，再通过反刍重新咀嚼消化，所以牛才能从营养并不丰富的草中吸取营养，维持自身生命。同样作为植食动物，兔子很不幸也要靠吃草为生，但它身板小、肠道也短，没法像牛那样反刍。

所以兔子选择了另一种办法，那就是吃了拉、拉了吃。什么意思呢，兔子第一遍吃下去植物，会拉出来一种软软的、绿绿的被粘液覆盖的粪便，视觉效果跟青葡萄差不多。然后兔子会把这种粪便吃下去，把营养物质吃干抹净，再拉出来的粪便就又黑又臭，它自己也下不去嘴了。那为什么家养兔子做宠物的人没有见过兔子吃粪便呢？一般是因为兔子的身体柔韧性很好，直接把嘴凑到肛门处把便便吃掉了。

相比之下，人类没有牛羊那么强大的胃，又没有拉两种粪便吃掉一种的勇气与能力，所以人类自然不能靠吃草活着啦！

有时候猫、狗也吃自己的粪便，但不是为了获取营养，而是为了隐藏自己，省得被天敌发现。不过那依然是吃自己的粪便，所以只好委屈一下，跟兔子等植食动物归到同一流派里。

吃同类的

澳大利亚的考拉比较佛系，吃的是别的动物不吃的、含有一定毒性的桉树叶。考拉之所以能独享这种树叶，是因为其肚子里有共生细菌，能分解掉毒素。但这种细菌属于体制外没法遗传，刚出生的考拉宝宝体内并没有分解桉树叶的细菌，所以考拉妈妈就拉出

一种软软的半消化流体粪便，给考拉宝宝补充营养，顺便把微生物传递给考拉宝宝。大熊猫也是这个流派的，毕竟竹子质地坚硬、营养一点都不丰富，消化起来可不是什么简单活。什么叫"一把屎一把尿地拉扯大"啊？

这两个派别在大象和狗这儿有个交叉。大象跟兔子有点像，消化道处理效率不够高，没法一次性把食物中的营养吸收干净，所以粪便经常得回收再利用。《荒野求生》中，贝爷就曾经从大象的粪便中榨取水分喝，也算是个神人。

同时，大象消化道里也有大量微生物，同类之间也经常会互相吃粪便，好补充、丰富自身肠道菌群，防止出现近亲繁殖现象。无论是大象还是狗，有时候吃掉同类粪便也是一种社交行为。贝爷从粪便里榨水喝，不知道会不会被他们接纳为群体的一员。

跨物种吃

野外露过营的，或许都见过几只、十几只蝴蝶集体停留在一处的场景。这时劝大家千万不要把蝴蝶轰走，否则会发现它们聚集的地方往往是一坨大粪，搞得人都不好意思去抓蝴蝶了！

蝴蝶趴在粪便上，其实是个很不错的选择，因为在野外盐分属于稀缺品，但大便因为在动物肠道里走过一圈，根本不缺这玩意儿，四舍五入大便约等于蝴蝶的野生盐罐，趴上去舔一舔也正常。狗吃别的动物粪便也是这个道理，为了摄取盐分和矿物质。

从整个地球的生态站位来看，吃粪便就更不丢脸了！粪便不过是别的动物消化过一遍的食物，狼吃肉和狗吃屎没有本质的不同，大家都在为促进碳循环作作出自己的贡献。

同在地球为碳基，你吃我来我吃你。

粪便高隐患、低营养价值

但对人类来说，那就是另一个故事了。在这颗美丽的星球上，每种动物都要吸收营养，获取能量活下去，所以动物肠道虽有大有小，却都进化出了高效率，基本都能将穿肠而过的食物压榨吸收个差不多。

粪便里虽然富含有机物，毕竟是经过别的动物肠道压榨过一道的，营养也不会留下多少。所以虽然不少动物吃粪便，却以兼职吃为主，真正赖以为生的动物并不多。屎壳郎、苍蝇这类把粪便当主食的动物，其体型、食量都要比生产粪便的动物小很多才行，否则会造成"郎"多粪少的局面，屎壳郎的业界前途将会十分暗淡。

人类如果靠食粪生存，那就需要有一种极其巨大且产粪量很高的动物才行，而这样的动物很明显并不存在于我们这个世界上。好在人类有自己的食物来源，完全不需要靠食粪为生。

早在恐龙称霸地球时，最早的灵长类动物已经出现并在生态链上占据了一席之地。与其他的动物相比，灵长类动物有手掌这一特殊编制，能灵活地在树枝上攀来爬去。大个头的恐龙能翻江倒海，

面对密林却无计可施，这就给最早的灵长类动物留下了生存空间，它们依靠摘果子、捉虫子果腹，撑到小行星撞地球。

600万年前，人类进化出来后，凭着出色的智商进化出了语言，后来又形成了社会，能利用分工协作的集体优势捕猎比自己体型还大的动物。这样就有了昆虫以外的肉食，再加上人类学会了用火，这些肉食的营养能在肠道里得到更充分的消化与吸收。

1万多年前，人类又解锁了农业技能，通过刀耕火种在定居点开垦出一片片菜地与庄稼地。过去这 1 万年里，人类又通过育种，提高了作物的产量；通过全球化，把玉米、红薯本来限定于特定地区的作物推广到全球；通过现代化养鸡场等工业化生产方式，提高了肉食的产量与品质。

这么玩下来，人类的食物丰富度远超任何动物。天上飞的、水里游的、地上跑的都可能成为人类的食物，人类也就完全没有必要再考虑吃粪便啦。

除了性价比实在太低之外，吃粪便还有个坏处就是染上传染病风险太高。前边提到过，粪便的一大组成部分是肠道微生物。健康的动物拉出来的是微生物，但动物一旦得了消化系统疾病，肠道菌群里就可能有不少致病菌。这时候谁去吃粪便，可就跟着中招了。

这里有个绝佳的例子是霍乱。霍乱是由霍乱弧菌引起的疾病，主要攻击人体消化系统，让人上吐下泻。霍乱患者的肠道被细菌糟蹋得不像样子，肠液大量分泌，导致一天 24 小时几乎在不停地排泄，拉出来的粪便跟淘米水一样。而在没有抗生素的时代，人类拿这种小小的细菌没有任何办法，只好在床上挖个洞，洞下边摆个马桶，上边补水下边让病人不停地拉。有的病人抵抗力强，免疫系统战胜了霍乱弧菌，就挺过来的。有的病人就没那么幸运了，拉

到最后严重脱水、循环衰竭而死。由于死去的病人往往眼睛凹陷、皮肤呈青蓝色，所以霍乱在西方也叫"蓝死病"，与鼠疫"黑死病"齐名。

这些淘米水一样的便便中含有大量霍乱弧菌，这些弧菌能在水里生存，再随着水到处流窜，通过嘴进入下一个人的消化道，开始一轮新的循环。所以霍乱一旦暴发，传播速度会极快，是我国法律规定的甲类传染病，甲类是传染病里的最高等级。要知道，即使是肆虐世界的新冠肺炎，也不过是乙类传染病。

可惜的是，1817年霍乱首次世界性暴发后，人们却以为这是"瘴气"，根本没有往饮水上去想。1854年英国伦敦暴发霍乱大流行，医生约翰·斯诺经过缜密调查，猜测霍乱经水传播。在他的坚持下，英国市政当局试着拆除了霍乱暴发地宽街的水井把手，结果慢慢止住了霍乱。1883年，德国罗伯特·科赫医生分离出霍乱弧菌，这个罪魁祸首才被锁定。

霍乱这种传播模式属于消化道传播，也叫粪口传播，以这种方式传播的常见疾病不下10种，伤寒杆菌、阿米巴原虫、蛔虫等都是走这个渠道传播的。古代人们没有微生物学，不认识细菌与病毒，但他们总有生活经验，知道有些病通过吃的和粪便传染，粪便在吃货群体中自然也就没有了市场。

所以，一方面是粪便性价比太低，得吃很多才能提供足够的营养；另一方面是粪便风险太高，容易吃出病来，所以人类就把粪便从自己的菜单中剔除了。

人类的粪便禁忌：
还能直视满天飞翔吗？

人类不仅不考虑吃粪便，还逐渐形成了粪便禁忌，主要体现在嘴、手、眼、腿等器官上。

本章开头提到过，人类的语言中是很忌讳粪便这个词的，为了避免提到这个客观存在的东西，不得不发明了一系列的词把它取代掉。当取代的单词逐渐成为主流和粪便这个意象的联系过于紧密，就又形成了新的禁忌，又得找新词取代。这么循环往复内卷下来，不少语言中指代"粪便"的词就特别多。

别说古代了，就社交媒体兴起这几年，我们都亲眼见证了"翔"字作为最新粪便代词的崛起，现在已经没法直视"自由地飞翔"这个词了。

手对粪便的禁忌比较好理解，每个人从小都知道便后要洗手。早在《世说新语》中，就有东晋权臣王敦在皇帝家上厕所后洗手的故事。有位婢女端着盛满水的澡盆，旁边是装着澡豆的琉璃碗，结果王敦以为是让他填补空虚的胃肠，掺着吃了。

这个故事告诉我们，至少在《世说新语》成书时的南北朝，中国的士大夫阶层已经养成了便后洗手的习惯。无独有偶，传说中英国温莎公爵也有过在宴席上喝下洗手水，避免客人尴尬的例子，饭前便后洗手是全球的习惯。本质上，饭前与便后洗手的目的是一样的，都是为了防止疾病通过消化道传播，它们的区别只是一个堵源头、一个堵进口罢了。

2007 年，一个叫"全球洗手伙伴关系"的组织甚至盯上这个机遇，倡议每年订立一天为"全球洗手日"。2009 年，世界卫生组织也加入该倡议，从此"全球洗手日"固定下来。

手和嘴之外，人类的粪便禁忌还体现在眼和腿上，对粪便一定要敬而远之，离得远远的，别让它沾染到日常生活中的自己。所以人类要建造厕所，一方面为正在便溺的人提供一个私密性空间，另一方面也给人们拉出的粪便提供一个私密性空间，好单独储存起来。

在苏格兰北部的一个小岛上，有个靠海的山坡叫斯卡拉山坡。这座山坡最知名之处，在于其有一处用石头围起来的新石器时代遗迹，据测定已有 1 万多年历史。在这座遗迹里，有着人类迄今发现的最古老厕所。斯卡拉山坡遗迹的存在表明，人类的粪便视觉禁忌应当至少有 1 万年历史。

　　不过古人条件差，只能保证厕所整体的私密性，每位如厕人的私密性就没法保证啦。2014 年，考古学家在意大利帕拉蒂尼山挖掘出古罗马公厕遗址，就是一排座椅，每人一坑坐着拉，坑与坑之间不过半米。其实直到今天，一些农村还有那种旱厕，每人一坑蹲着拉，坑与坑之间也就是半米到 1 米的距离。

　　到了今天，在现代抽水马桶和下水系统的加持下，人类如厕之地已经十分整洁，但我们依然认为那个叫"卫生间"的地方并不卫生，只适合做"出口"的事，与"进口"要隔开。

　　在文化上，厕所是一个很重要的存在，能把粪臭与世间其他地方隔开，让人们日常生活中可以忽略这么一个肮脏且尴尬的存在，继续做文明人。

　　任它屋内粪臭滔天，只管屋外岁月静好。

人类食粪行为大赏

　　在人类进入现代社会，有了各种技术加持后，粪便禁忌这事反而在逐渐减弱。这也很合理，既然粪便因为没有营养又传播疾病才成为禁忌，那这两个问题解决了，粪便禁忌不就自然削弱了？

　　现实中也确实如此。如果你熟悉爬虫技术，简单爬一下就不难发现社交媒体上粪便出现的次数。

　　而且人类还有意识地选择一些粪便，作为入口的药物或者食物。名声传播最广的当属猫屎咖啡，利用麝香猫无法消化咖啡豆的特性，让它们先吃一遍咖啡豆，拉出来后人类再处理，冲泡成咖啡慢慢喝。本质上，这是把麝香猫的胃当作发酵机，用来把咖啡发酵一遍。

　　猫屎咖啡很贵，但究竟风味如何，那就见仁见智了。为写这本书，我特意买了一罐进口的猫屎咖啡豆磨来喝，请原谅我这迟钝的味蕾，根本尝不出来和平时喝的咖啡有啥区别。

　　贵有贵的好处，那就是能赚钱。多家媒体都曾经报道过印度尼西亚的猫屎咖啡工厂，把麝香猫关在笼子里，动不动就饿它们一顿，等它们饿坏了再喂咖啡豆也就更好接受了。麝香猫被圈在小笼子里，天天饿着又只能吃消化不了的咖啡豆，实在受不了，就互相咬、打架，所以圈养的麝香猫死亡率很高。猫屎咖啡里边有猫屎，但更多的是猫血。想到这，我忽然有点后悔买那罐猫屎咖啡了，最好是假货吧！

消化不了咖啡豆的动物多了，这事一旦扩展起来就没边。目前在售的屎香咖啡有象屎咖啡、鸟屎咖啡等，不知道哪天会不会出现人屎咖啡？

资本为了利润，真是什么都敢干。

猫屎咖啡、象屎咖啡、鸟屎咖啡之外，贵州那块还有牛瘪火锅。具体来说就是给即将屠宰的牛喂食草药，然后趁草药还在胃肠里消化时把牛宰了，取出胃肠做火锅。胃肠里草药处在半消化状态，正好稀稀糊糊一大堆，煮起来有种特别的味道。套用于谦相声里的一句台词，那不是吃胃肠，而是吃胃肠里的那点东西。

据贵州的同学说，瘪是方言，意思就是粪便。但问题在于，产生牛瘪的部位并不能完全对应人的小肠，所以里边的东西究竟是不是粪便，还有待考证、讨论。但无论如何，这种食物的地域性都比较强，不是很容易全国推广。

食药同为入口之物，其关系紧密相连。2021年1月，《新英格

兰医学杂志》刊登了一份美国粪便药丸的志愿者实验结果，149 名
感染艰难梭状芽孢杆菌的病人分为服药组和安慰剂组，8 周随访
后发现服药组复发比例为 12%，安慰剂组却高达 40%。

　　这些病人服用的药丸原料就是志愿者捐赠的粪便，经过乙醇
处理后留下一些带孢子的细菌。这些细菌随着药丸被病人吃下去，
进入肠道后开始占据有利地形，跟艰难梭状芽孢杆菌抢地盘，防

止后者生长。报道称，这些药丸经过现代化制药处理，已经看不出其作为粑粑的前世今生，只要患者能克服心理不适，其实没有任何问题。

祝大家都能保护好自己的肠胃，争取做个志愿者捐粪便，还能赚点零花钱！

第 十 二 章

为什么我们的血
都是红的？

—— 血红蛋白和它的小伙伴们

在中篇科幻小说《天使时代》中，刘慈欣写过这样一组对话。

面对掌握了更先进的基因技术，并籍此身生双翅、突破航母防线冲到驾驶室的非洲人，船长带着一丝轻蔑说道："开枪吧。"

这名非洲人并没有扣动扳机，而是回之以带有理性的愤怒："将军，我们的血也是红的。"

"我们的血也是红的"，这句话最早出自何典已经不可考，却在种族歧视根深蒂固的美国成为一句鲜明的口号，是少数族裔面对不公时愤怒的呐喊。的确，无论肤色如何、族裔来自何方、自身高矮瘦胖，人类的血都是红的。红色的血液也是刻入人类记忆的最深刻印象之一。晕血、对别人红色的血液产生共情也就成了人类的本能。多部文学作品中都有过类似的描写，战士在刀枪如林的战场上对刀刀入肉的场面没有丝毫惧怕，战斗结束后打扫战场闻到血腥味、看到满地的血红色却突然伤感，开始思考生命的意义。

当你战神附体、靠一把刀实现"七杀"，站在风中的你早已分不清自己身上是自己的血还是敌人的血，在这一刻生死似乎不再重要。当钢刀斩断肢体、鲜血喷涌而出的那一刻，刚才与你殊死搏斗、现在倒下的那个人已经不再是敌人，而只是一个与你一样的人。

人类对红色血液的共情甚至能延伸到动物身上。笔者小时候还见过家里大人杀鸡，抹了鸡脖子要放血，红色血液流到碗里的

震撼，加上那一丝弥漫进空气的血腥，都让笔者对这只鸡顿时心生怜悯，晚饭的 3 大碗鸡肉都是含着眼泪吃的。

但这种共情也只延伸到红色血液动物，再往外就基本没啥感觉了。晚上去厨房整点东西吃，开灯看到蟑螂，紧接着就是一拖鞋打爆，爆出的淡黄色浓浆不会让人觉得很惊恐，顶多有点恶心。贝爷从树洞里掏出几只毛毛虫，往镜头前展示一下就往嘴里嚼，绿色、黄色的汁液从他嘴里流出来，在手机上目睹全程的你有可能会恶心到把早饭吐干净，却不会觉得那几只毛毛虫可怜，顶多觉得贝爷没有下限。要知道，那些黄色、绿色的爆浆就是虫子的血液，是虫子赖以生存的根本，跟我们的红色血液本质上是一样的！

那么问题来了，为什么人类的血液是红色的？动物的血液到底有多少种颜色？

从体内运河到运输船

要回答这个问题，还是得追溯血液的历史。31亿年前，最早的好氧菌出现在地球上，从此生命获取了能利用氧化释放能量的能力。24亿年前，海洋中的二价铁离子被消耗完毕，蓝细菌光合作用制造的氧源源不断地释放到大气中，从此大气含氧量日益升高。17亿年前，线粒体成为真核细胞的细胞器，利用氧气燃烧自己，获取更多能量成为生存的主流方式，好氧生物与厌氧生物的差距越拉越大。

获取氧这事对单细胞生物不难。它们都是一个个独立的个体，只要想办法暴露在空气或者水中就能接触氧。多细胞生物就得麻烦点了，因为细胞聚集了一层又一层，只有最外边的那一层能直接接触氧，里边的根本没份！但偏偏这些细胞都很要强，工作细胞个个要氧气，少一点分分钟死给你看。

就拿人来说，人均60万亿个细胞，其中只有表皮、呼吸道、几处黏膜等薄薄的几层上皮细胞能跟空气直接接触，剩下的神经细胞、脂肪细胞、肌肉细胞怎么办？

　　还能怎么办？当然是惯着啦。在稍微复杂一点的多细胞生物身上，都进化出了体液这个标准配置。通过让体液在体内畅快流动，走遍每一处角落，让氧气雨露均沾。有了体液也就有了内循环系统，一部分接触氧的细胞辛苦采集氧，通过体液运向体内的四面八方。连植物都有体液的循环，多细胞动物当然也基本都有。

　　氧气不易溶于水，体液如果只运送天然溶解的那点氧，那效率

实在是太低了。于是在寒武纪之前的某一天，一种细长且体表布满刚毛的动物进化出了一种蛋白，其内含铁离子的化学键能像机械臂一样牢牢抓取氧分子，而且这一过程可逆，能通过化学反应再把氧分子放开。

这种蛋白和后边出现的各种变体能运输氧，从而支持呼吸过程，被称作呼吸蛋白。呼吸蛋白的出现在生命进化史上可是革命性的突破。如果说体液的出现意味着生命在自己体内挖出了运河，那呼吸蛋白的出现就是生命给运河配备了运输船只，以前扔下货物顺着水流漂，现在进化成用船只拉着氧往全身跑，效率得到了极大提高。氧就是燃料，是生命要烧的石油，运输氧的效率提高了，那生物的力量自然也跟着提高。

只可惜，这一伟大的突破性场面至今还是科学家们脑补得来，没有直接的化石证据证明其存在。不过科学家们的脑补绝非没有根据，这种最原始的蛋白叫蚯蚓血红蛋白，又叫血紫蛋白，存在于今天多毛纲的某些物种体内，比如腕足动物分类下的舌形贝以及栖息在海底的星虫。科学家们注意到了这点，又在前寒武纪的化石中发现了多毛纲的祖先，才据此推断它们的祖先体内应当也有这种蚯蚓血红蛋白。

插一句，蚯蚓血红蛋白绝不是蚯蚓的专利，蚯蚓是寡毛纲的，有这个蛋白的不少生物都属于多毛纲，亲缘关系远得很。之所以命名为蚯蚓血红蛋白、血紫蛋白，那是因为铁离子的存在导致血液是粉红色的或者紫色的，在不同的动物身上略有色差。

科学家们认为蚯蚓血红蛋白诞生很早，还有一个原因，那就是这种蛋白实在太原始了。它只存在于血浆里，而且很容易氧化，导致氧的运输并不稳定。想想看，运河上来来往往的都是大量小舢板，而且说坏就坏，那运河的运输能力靠谱得了吗？

于是在出现大量新物种的寒武纪，占主流的是另一种叫血蓝蛋白的东西。这个证据比较充足，今天的大部分节肢类动物体内都是血蓝蛋白，是它们的血液运输氧的利器。与蚯蚓血红蛋白不一样的是，它们抓取氧靠的是铜离子，所以血液呈现出一种淡淡的蓝色，而且它们体内是有携带氧气细胞的。血蓝蛋白是在细胞里工作，相当于个体户小舢板变成了更大更坚固的运输船，供应链自然更有保障。

　　有科学家猜想，寒武纪的掠食者奇虾以及凭着数量众多、称霸海洋的三叶虫的体内应该都有血蓝蛋白，靠着源源不断的氧输送获取能量，打架、生娃都不落下风。相比于蚯蚓血红蛋白的猜想，血蓝蛋白的猜想就有底气得多，因为今天还有大量生物属于"蓝血贵族"，虽然它们中有些动物的血蓝得并不明显：乌贼、章鱼、蜗牛、蛞蝓、海螺、青虾、鲍鱼、蜈蚣、克氏原螯虾……什么，最后一个

你不认识? 别被学术名称吓到, 就是你在餐桌上经常见到的小龙虾嘛!

这些"蓝血贵族"中, 有一种生物比较特别, 那就是鲎。这种生物早在 4 亿年前就进化出来了, 从与奇虾、三叶虫为伴, 到见证了恐龙的兴起与灭亡, 一直到今天跟人类共同生活在这颗地球上。地球上的生物换了一茬又一茬, 它却依然背负甲壳趴在海底, 几乎没啥动物能轻松吃掉它, 它就这么与世无争地生活着, "活化石"之称名不虚传。

鲎的蓝色血液也很有意思, 其中含有的免疫细胞很特别, 遇到外来致病菌不会像人的白细胞那样直接吞噬, 而是会自身破裂、释放出凝血剂导致血液部分凝固, 这样就把病菌包裹在了里边。由此, 鲎的血液可以做细菌污染的灵敏指示剂, 所以它们经常被人抓去献血, 献完再放归大海。鲎的存在也给了科学家不少启迪, 说明在寒武纪大爆发时, 蓝血有可能是很多动物的标配。

插个小插曲, 鲎这个"活化石"在地球上生存了 4 亿年, 却在人类主导的世界中濒临灭绝。鲎经常被抓去献血, 这对它们的健康有一定影响, 但正规的科研人员都是抽之有度、抽完就放生, 根本到不了危害这一物种生存的地步。真正导致鲎面临灭绝危险的还是人类的贪欲, 不少人迷信鲎能大补从而大量捕捞来吃。

其实鲎的蓝血是由于铜离子造成，这些铜离子对人体是个沉重的负担，能影响人的肝、肾等内脏，甚至对神经系统造成影响。再加上鲎毕竟是远古活到今天的动物，其体内不少蛋白都与人类完全不同，容易造成过敏。鲎并不适合食用，请让鲎回归大海！

2022 年底，《阿凡达 2》上映，其中纳美人充满神秘感的蓝色身体让不少人羡慕，惊呼"蓝血贵族"。但一个严酷的事实是，如果哪位地球人皮肤和血液也变蓝，那会是很可怕的事。

2019 年《新英格兰医学杂志》报道过一位女性病例，因牙痛大量使用麻醉药后呼吸急促、皮肤发蓝，医生给她抽血化验时发现呈深蓝色。后来证实，这位女性患的是高铁血红蛋白血症，血红蛋白里的二价铁丧失一个电子被氧化成了三价铁，这导致她暂时拥有了蓝血皮肤，但也降低了她的血液携带氧的效率，从而导致整个人呼吸急促。

蓝血、红血都是天生的，相互之间羡慕不来。

血红蛋白的出现：运输船的革命

从血紫蛋白到血蓝蛋白、从小舢板到组合的运输船确实是一个飞跃，但这个运输船有一个根本性的弱点：运输能力太弱了。蚯蚓血红蛋白虽然原始、脆皮，动不动就被氧化掉了，人家的运输能力却是很强的，自身分子量不过13000，也就是差不多13000个氢原子的重量，就能带一个分子量为16的氧原子走。相比之下，血蓝蛋白有多种变体，分子量从450000到上百万不等，也是带一个16的氧原子，这效率差了可不是一点半点。一个是脆皮小船，能运却动不动就撞坏了，另一个是大船，坚实可靠运载效率却很低。

运载效率低下在很大程度上限制了生命的整体效率。回过头看看前边的"蓝血贵族"名单，不难发现相当一大部分都是冷血动物、水生动物，一大原因就是血蓝蛋白效率太低，根本没法提供足够的热量让动物维持恒温。

在寒武纪的海洋里，时代召唤更有效率的呼吸蛋白。这种蛋白

在脊椎动物体内出现了，那就是血红蛋白。这种蛋白综合了蚯蚓血红蛋白和血蓝蛋白的优点，和蚯蚓血红蛋白一样用铁离子捕捉氧，分子量在64000左右，颜色跟蚯蚓血红蛋白也类似，继承了其效率，也继承了"血红蛋白"这个名称。同时血红蛋白和血蓝蛋白一样躲在红细胞里抓氧气，自身坚固许多。

用咱们运河做比喻，在脊椎动物体内的血液运河里，跑来跑去的是一种全新的运输船，船体小且坚固，运载能力更高。供应链稳定，效率又高，那脊椎动物燃烧自己的效率就更高，也就有了热血恒温的可能性。3.8亿年前，一种叫提塔里克鱼的脊椎动物终于离开水来到了陆地，开创了动物进化史的新纪元。

空气的比热容比水小，动物更容易保持身体热量，在2.3亿年前逐渐进化出了恒温机制。有了恒温，一些重要器官的进化突破了限制，肢体的运动能力、神经中枢的思考能力都纷纷上台阶，才最终进化到今天的人。想想看，如果当初最早的血红蛋白没能进化出来，就有很大可能不会有今天的温血动物，今天的地球或许还处于"蓝血贵族"们的统治下，虾兵蟹将真有可能是那条世界线的主宰。

五颜六色的血液们：
无色透明的血液什么样？

当然，血红蛋白属于呼吸蛋白中的顶配，并不是所有生物的首选。在我们现实中的世界，至少还有以下几种不同颜色的血液，对应着不同的呼吸蛋白。

绿色血液，含有血绿蛋白

如果你曾去过夏天的稻田，或许会对一种吸血的动物有很深的切肤之痛。赤脚走在稻田里，往往感觉脚痒，一抬起来发现已经吸上了好几条扁扁的虫子，而且越钻越深，不能直接拽，只能拍打周围区域把它们震出来再弄死。弄死这种虫子时，你或许会发现它们的血也是红的。

这种虫子是蚂蝗，学名水蛭，但它们的血液和人类的血液完全不一样，含有的是血绿蛋白。这种蛋白和血红蛋白结构十分相似，只有一个官能团的差别，不携带氧时呈现绿色，携带氧时呈现红色。

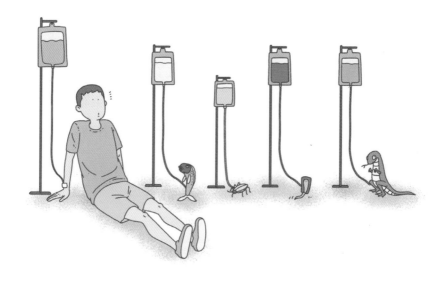

　　这种绿色血液不算太常见，在生物界的分布也较为集中，甚至在生物学多毛纲下专门有个血绿虫科，里边的虫子都是绿血。

　　值得注意的是，有一种蜥蜴名叫绿血石龙子，血液是绿的，但人家体内含有的可是正儿八经的血红蛋白。这是因为在绝大多数红血动物体内，红血球寿命并不长，工作周期结束后就会破裂，血红蛋白也会被氧化成胆绿素，再被还原成胆红素吸收掉。但绿血石龙子等动物体内缺少还原酶，血红蛋白到了胆绿素这一步就没法再走，长此以往血液自然呈现绿色。

褐色血液，含有血褐蛋白

在广东省湛江市，有一道菜名为海豆芽，主料看起来挺像绿豆芽、黄豆芽上长了个壳，一般是煮熟勾点芡，吃起来倍儿鲜。这种海豆芽可不是豆子发出来的，而是海里长的一种叫"舌形贝"的贝类，它们已经在海里待了上亿年，是和鲎一样当之无愧的活化石。

舌形贝的体内含的就是血褐蛋白，与氧结合时呈紫红色，不结合的时候呈褐色。有这种蛋白的生物并不多，主要是沙蚕属、星虫等海生动物，有些在餐桌上能见到，有些甚至餐桌上都不常见。

黄色血液，没有呼吸蛋白

如果晚上开着窗又忘了关纱窗，就有可能看到一种褐色的小飞虫在灯周围飞。这时可要管住自己发财的小手，别把它打死，否则你会闻到一种十分有特点的尖利的臭味，而且持续时间超长，整个屋子里能臭上半小时。这种自带生化武器的小飞虫叫椿象，俗称"臭大姐"，又叫"放屁虫"，名副其实、实至名归。

如果你真打死了一只放屁虫、都已经挨毒气弹了，那就别浪费这个机会，捏着鼻子好好观察下，你会发现放屁虫流出来的血液有点黄绿色。这是因为放屁虫属于昆虫，而昆虫的气门遍布全腹部，其血液没有运输氧气的功能，所以本来是无色的。生物学上甚至都不管昆虫体内那点液体叫血液，而叫作血淋巴。血淋巴不运输氧，但要运输营养物质，所以其颜色受昆虫食物的影响，大部分呈现黄色，还有一些呈现绿色，比较极端的如蚊子刚吸完血则呈现出红色。你每次用拖鞋打死蟑螂，爆出来的黄色浆就是它的黄色血淋巴。这未必是坏事，想想看如果一打一手血，你还敢用拖鞋打蟑螂吗？

观察到这一步，不妨再学习点知识。其实绝大部分昆虫的血液都是这个样子，你不闻放屁虫那个臭味也是可以观察到昆虫血液的。

透明血液，没有呼吸蛋白

在南极洲周边的深海里，有一种叫南极黑鳍冰鱼的鱼类，曾被科学家抓住抽血研究，却发现它们的血液几乎是透明的！拿去化验，则发现什么呼吸蛋白都没有！

这就是生物学上的奇迹了。对这种鱼类的透明血液还没有权威解释，目前比较靠谱的说法是从进化的角度结合环境猜测：随着温度降低，血红蛋白跟氧结合的能力也越来越差，在南极洲周边的深海里血红蛋白发挥的作用其实是有限的。或许在很久很久

以前，有一条南极黑鳍冰鱼的祖先由于基因突变，丢掉了制造血红蛋白的能力，却拥有了一种防止血液结冰的蛋白，所以能在这样的环境中生存，多吸点氧，像最早的多细胞生物那样直接把溶解氧通过透明血液送到全身。这种进化适应了南极旁边的深海这一特殊环境，也造就了这一神奇的物种。

到透明血液这里，本章关于血液的故事就讲完了。如果哪天你目睹血腥感觉心理不适，别担心，那是再正常不过的生理现象，是人类对生命发自内心敬重与珍视的体现。你再去医院体检时被抽血，不妨看看自己被抽出的血液，想想它背后那神奇的故事。

第 十 三 章

道德是人类独有的概念吗?

—— 人的利他性与社会性

明代断案小说《初刻拍案惊奇》中，曾记载过一名不太光彩的古代"吃货"。这人叫屈突仲任，不仅喜欢吃野味，而且吃的手法相当残忍。比如吃驴肉，他偏不肯给驴一刀痛快，而是在活驴周围生上火，驴前放一缸掺了佐料的酒，烤得驴一边喝佐料酒一边拉屎拉尿，最后污秽也排净了，自己活活被烤熟了，喝的佐料酒还入味。

吃老鳖，他也是调好佐料酒，再把老鳖放在烈日下暴晒。老鳖被晒的伸头喝水，就把佐料酒循环进了全身，再做熟就直接有了醉鳖。

吃刺猬，他用黄泥包了活活扔进火堆里，烧熟直接拿出来掰掉外边的泥壳硬刺，然后蘸上盐浆吃里边那坨软肉！

对如此残忍之人，书的作者凌濛初可没有饶过他，在书中把他装进口袋里、刺的血流满院，让那些被他虐杀的动物们喝血出气。笔者当时读到这里，深深为人类朴素的道德观所震撼，哪怕是在没有动物福利观念的古代，也知道能吃能杀而不能虐的道理。

今天有了更好的条件，人类对动物的道德观似乎更强了一些。周星驰有部老电影叫《食神》，其中有做猴脑的情节。等男主通过一份猴脑赢得大奖，对手请的动物保护组织人员却忽然出现在比赛现场，表示吃猴脑过于残忍，男主是要失去参赛资格的！只见男主

不慌不忙，给他们展示了自己呈上去供评委品尝的猴脑原来是豆腐做的，猴子的惨叫声是播放的录音，所谓的"天灵盖"更是个椰子壳客串的。

虐待动物的人也确实会受到公众的谴责，严重时更是会付出法律的代价，这是人类在百万年的进化中形成的道德传统。"劝君莫打三春鸟，子在巢中望母归"的教诲一直流传到今天，不是没有道理的。

但你想过没有，动物受到人类道德的保护，却很难用道德去衡量动物。猫抓住老鼠，一般都是不肯直接吃掉，而要抓了放、放了抓，玩弄够了再吃，老鼠死前受到的虐待可不少。在非洲大草原上，狮子捕猎野牛与羚羊，也不在乎是不是老弱病残，往往还更容易抓到怀孕跑不快的，胎儿直接拉出来吃掉。至于捕食幼仔就更常见了，翻车鲀一次产下3亿粒卵，只有几个到十几个能长到成年，你猜剩下的那些被谁吃了？

所以问题来了，动物是不是没有道德观念？如果没有，那人作为动物的一种为什么有道德观念？这种观念又是如何反馈给动物的？

动物的利他行为

笔者刚入行时，曾有幸对一位时年82岁的美国社会学家罗伯特·贝拉做过专访。老爷子从年轻时就从事社会道德研究，著有《背弃圣约》《心灵的习性》等传世之作，影响了美国好几代社会学研究者，也因其通俗易懂在社会上取得很大影响力。在回答"什么是道德观念"这一问题时，贝拉的观点是，道德是组成社会的一个基本要素，本质上是一种利他性，人类在互助互利的基础上才能互信并形成社会。

"利他性"这个词听起来学术气息很浓，其实并不复杂。生命本质上是物质的一种特定有序排列，成千上万个原子按特定顺序组成有功能的大分子，千百万个大分子再有序组成细胞，单细胞可以组成简单的生命，上万亿个细胞高度特化、相互分工才能组成复杂的多细胞生命。保住这从原子开始的高度复杂的有序排列是生命的本能，为此生命必须摄入能量与各种资源，以求生存。

只可惜，能供生存的资源永远都很有限，为此生命与生命之间的关系往往不是和谐共处，而是你死我活的内卷。早在30多亿年

前的原始海洋里，连细胞核都没有的古菌们就要比谁分裂更快、扩张效率更高，因为谁更快谁就能获得那有限的一点有机物，从而活下来。

草地上只有 1 只兔子却有 2 匹狼，这时每一匹狼要做的是不仅抓住兔子，还要打败另一匹狼，才能"不让别人把你分享"。同样的，一个群体里的兔子相互之间也要内卷，看谁跑得过同伴，从而看着别的兔子沦为狼的晚餐，自己的命运却不用同样悲惨。

但这个事在某些动物这里出现了例外。人类观察到很多次，鹿等野生动物为保护幼崽能作出自我牺牲的行为。比如，曾经有摄像机拍到过，鹿妈妈带着小鹿过河时遇到鳄鱼，鹿妈妈冲上去自我牺牲吸引鳄鱼注意力，以自身被鳄鱼吃掉的代价换取小鹿安然无

羞。也曾经有人观察到，城市里的流浪狗妈妈在自己吃不饱的情况下，从路人那获得一点吃的也要优先给自己的小狗吃。学术期刊《动物行为》和《生物学通讯》刊登论文指出，研究者曾目击雄性棕熊和灰熊为保护带娃的雌性熊赶走其他雄性熊。研究者还特别指出，这 2 头熊保护的不是他们自己的后代，不过只有一部分研究者认为这两头熊是在做利他行为。至于熊在食物匮乏时分享抓到的鱼，研究者观察到的案例就更多了。

这是动物的一种利他行为,以自身的损失换取有亲缘的动物收益,从而让后代有更多的生存机会。从更高的站位看,利他行为虽会损害动物个体的生存,却能让动物的基因延续下去,此举能保留生命特定组合顺序的源代码,利他在本质上是一种更高级的利己。

有动物学家观察到,这种行为在哺乳动物中出现的可能性比其他动物高出不少。一种广泛为研究者所接受的解释是,哺乳动物亲代要靠乳汁养育子代,子代对亲代有更强的依赖感,同时亲代与子代共同生活的时间更长,也就有了更牢固的感情纽带。不难理解,小鱼、小虾产的是卵,有些种类会照料到小鱼出生长大,有些种类则排完卵就不再管,根本没有机会在各种小鱼中识别出哪一个是自己的孩子。这种情况下,利他行为根本没法保证自己的基因传递,自然就很没有必要了。

当然这不代表利他行为只存在于哺乳动物之间。大马哈鱼成熟后要穿越层层艰难险阻洄游,到达出生地后产下卵受精,自己再慢慢死去,为这种利他行为付出的代价可不比鹿妈妈低。不过需要指出的是,鱼类等动物的智力比较有限,很难预料到这一行为的收益,它们之所以选择利他行为,更多的是刻在基因里的本能,很难称为道德。

这种本能在一些动物身上体现到了极致。对，说的就是蜜蜂和蚂蚁，在生物学上被称为"真社会性"动物，它们的共同特点就是个体对种群有着高度依赖性。在一个典型的蜂巢里，有专门负责生育的蜂王，有终日打工的工蜂，有养尊处优只提供精子的雄蜂，还有尚在幼年但命运早已注定的幼蜂，所有这些个体都只作为整个种群的一部分而存在，几乎失去了独立生存的意义。在面对危险时，工蜂会针刺来犯之敌以保卫家园，但由于针连着它们的一小截肠子，工蜂会为这一利他行为付出生命的代价，整个种群得以生存，基因也能传承下去。

值得注意的是，蜂王、蚁后看似高高在上，却也只是整个种群的生育机器、螺丝钉，只不过这颗螺丝钉显得大号一点而已。这在一些 2 个蚁后共同建造的蚁穴里体现得十分明显，有时 2 个蚁后能共享一块地建巢穴，但随着时间推移，巢穴显得拥挤，工蚁、兵蚁们会攻击其中弱的那只蚁后，从一步步试探到一哄而上，把那只多余的蚁后撕成碎片。

胜利的蚁后不会欢呼，失败的蚁后也没有怨言。对于缺少思考能力的昆虫来说，昨天工蚁的供奉与今天工蚁的反水都是利他行为，是为了整个巢穴的生存。一切都是基因在背后操控，是 DNA 刻在细胞里的宿命。

道德的本质：
有理性的利他行为

与动物相比，人类的利他行为就高级多了。人类有智商，能更好地预料自己行为可能产生的后果，从而计算长远收益。同时人类有社会性，能按照血缘组成家庭，再由一个个家庭按照各种关系组成社会，更容易分清楚亲疏远近。这就使得人类能在理性思考的基础上，从家庭成员开始做出利他行为，这种经过人类理性思考、计算收益后主动做出的利他行为，就叫作道德。

在人类学上有个相对普遍的观点，认为道德利他发端于血亲之间的亲缘之爱，而后得益于人际之间的互惠往来，最终可达至于他人的无私奉献境界。这一猜想是符合人类正常逻辑的。

在最基础的层面上，为亲人的利益可以舍弃自我。比如，古籍多有记载，灾荒年头往往有老人为了后代存活下去而主动绝食。在一些民族的古代传说中，甚至都有"弃老"习俗，上了一定年纪的老人就要被装到筐子里送到山上，慢慢地不再有人送水送粮，在荒野中静静地终老。在食物资源不足时，这种牺牲付出的代价是很

大的，但也确实能提高基因传递下去的可能性。

　　随着人类形成宗族、部落，利他行为也会在这一基础上继续发展，其对象会扩展到一切有亲缘关系的人。这种行为以道德形式固定下来，就成了纲常伦理，通过文字记载与口口相传教导大家要与兄弟姐妹相亲相爱、与亲戚邻居和睦相处。世界各国的文字记载中都不乏为族群、部落牺牲的英雄，甚至《魔兽争霸》中的半兽人士兵在冲锋时喊的也是"为了部落"，这种利他行为体现得很明显，他们知道在自己牺牲的荣耀下，部落会照顾自己的家庭。

　　在人类社会组织形式日趋高级的今天，这种利他行为就升华成了为社会、为国家、为全人类而付出。当然付出生命是一种比较极端的、代价很高的利他行为，平时更多的利他行为是牺牲自己利益或者照顾他人利益。但从生存的角度来说，利益是一种提高生存率的正向因素，照顾他人利益本身就是帮他人提高生存率。

　　在社交媒体发达的今天，鼓励利他行为的道德标准也越来越完善，不仅有各种文献记载，更有全社会参与讨论、调整。2013—2014年，路遇老人摔倒扶不扶成了全社会的热门讨论，甚至上了春晚。2019年以来，公共场合遇到强行被让座、被让铺的道德绑架又成了社交媒体热门话题。通过这些讨论，人类的道德标准不断更新，也变得愈发适应这个时代。

人类对动物的道德标准

人类毕竟是万物之灵，相比别的地球动物都有优势。既然对其他动物自己都说了算，那在自己的生存质量得到保障的情况下，把道德标准扩展到动物身上也就不出所料。

与在人类社会内部由近及远的逻辑类似，这种道德感的扩展也是优先惠及跟我们亲缘最近的动物身上，或者说我们觉得跟我们最近的动物身上。在好几个视频网站上有科莫多巨蜥吃羚羊的视频，密集的弹幕里，大家对那只羚羊抱有同情，很少有人想那只巨蜥之所想、急巨蜥之所急。

这点在吃上体现得尤为明显。英国曾有机构估算，人平均一生要吃掉 7000 只动物，包括几十头猪、2400 只鸡、4500 条鱼。对跟我们一点都不像的鱼，我们讨论的是不能活着蒸、不能捕捞太小的鱼苗。

对跟我们不那么像的鸡、鸭、鹅，我们讨论的是饲养条件别太恶劣、别让鸡太挤、别把鹅使劲填塞成重度脂肪肝。

对跟我们稍微有点像的猪，我们讨论的就是屠宰要人道，最

好电击一击毙命，别让猪感受到太多痛苦。

对于长着大眼睛、能做出卖萌表情的猫、狗，那讨论的就是能不能吃的问题了，因为争论而上演"全武行"的几乎每年都有。

对于跟人类同属灵长类的人猿、黑猩猩，有人敢动吃的念头吗？那跟吃人有什么区别？

其实同属鱼类也有差别。鲤鱼、草鱼、黑鱼就是烤鱼店里的常客，人们往往挑完当场摔死，等待上桌。但娃娃鱼长了四肢，且有着类似人类的声音，哪怕撇开动物保护法的威力，也很少有人敢端上桌。

2022年6月，郑州某家动物园在直播结束瞬间，饲养员用膝盖猛击黑猩猩脸部，黑猩猩惨叫着跑开。这件事迅速发酵成舆情，动物园不得不迅速开除了这名饲养员。在微博上关于这件事的讨论中，很多人都觉得猛击黑猩猩脸部离猛击人不远了。

人类对动物的道德标准不仅因物种不同而变化，也随时间推移而更新。在整个古代中华文化圈，狗都被视为六畜之一，和猪属于同一等级，吃起来不会有任何心理负担。但到了现代不行了，狗被训练成各种各样的工作犬，能导盲、能搜救，还能帮警察查毒品，在很多人那里，吃狗肉就成一种微妙的禁忌了。1988年，韩国举办汉城奥运会，就有不少欧美的爱狗组织出来抗议韩国人吃狗肉，现在这一话题在韩国也成了禁忌，轻易不会有人提起。

所以就不难理解，为什么道德感正常的人都无法忍受虐杀动物的行为，在网络上炫耀高跟鞋踩猫的人会被人肉、在非洲砍掉大象整张脸的偷猎者更是会受到警方的通缉。虐杀动物者不仅伤害了动物，更挑战了整个人类的道德体系：谁能保证今天虐猫、虐狗者明天不虐杀人？谁又能保证，今天容忍虐杀猫、狗的我们，明

天不会容忍杀人的视频?

　　需要指出的是，这种宽容与怜悯是优势地位者的独享，只有在竞争中打赢的一方才有资格拥有。对于吃人的野兽、对人类安全构成威胁的猛兽，人类还是比较容易达成共识的。

　　朋友来了有好酒，豺狼来了有猎枪。

第 十 四 章

活化石的称号，
人类竟然也配？

—— 灭绝的动物与留下的痕迹

生物课上有个很高端、大气、上档次的词出现过很多次，那就是"活化石"。大熊猫穿着黑白外套、不伸舌头拍不出一张彩色照片，号称活化石。水杉在重庆、湖北等地繁衍，叶子从夏到冬像交通灯一样经历红黄绿变换，也叫活化石。在广西的浅海，三只眼睛、背负甲壳的鲎懒洋洋地在海底趴着，还叫活化石。甚至连在厨房出没、人见了就恶心的蟑螂，也敢号称活化石！

活化石怎么这么多呢？这个看起来挺有含金量的称号，到底有什么门槛？

活化石：4 亿年的老爷爷和 2000 万年的小弟弟

1941 年，当时的国立中央大学教授干铎到四川省与湖北省交界处的磨刀溪考察，注意到一株 30 多米高、当地人称"水杉"的大树。这时已是隆冬，大树没有新叶，干教授便继续旅途，并委托当地教师杨龙兴采集标本。第二年叶子标本寄到，干教授又送去鉴定，却不幸遗失了。

又过了一年，农林部中央林业实验所技工王战去湖北神农架考察时，在杨龙兴的建议下采集了水杉的树叶与果实标本，记载为水松，并于 1945 年日本投降后交中央大学教授郑万钧进行鉴定。郑教授认为其叶子对生，球果鳞片盾形对生，与现有的水松和北美红杉都不同，当属一种新属。1946 年，北平教授胡先骕又遍查资料，发现该标本与日本学者三木茂于 1941 年发现的杉松类新属形态相同，应当属于同一种，此前郑万钧教授也见过从库页岛和吉林采集来的化石，并已经命名为水杉。

1948 年这一发现被写成论文发表，引发全球轰动。水杉曾兴盛于晚白垩纪，距今差不多有 1 亿年，被认为早在 3000 万年前就已灭绝，现在中国竟然发现了活体！想象一下，地层里的化石竟然跟现实中的植物对上了，四舍五入这约等于发现了活体恐龙啊。水杉迅速登上了世界各大媒体，中国活化石的名号叫响了世界。

相比之下，大熊猫这个动物界活化石的历史就短得多。大熊猫在生物学上分类为食肉动物目熊科，跟棕熊、北极熊是亲戚。根据基因科学推断，大熊猫的祖先在 1800 万—2200 万年前与熊亲戚们分道扬镳，然后模样没有经过太大改变，历经劫难活到今天。

但在很长一段时间内，大熊猫的化石最早只能追溯到 820 万年前。这些化石的头骨跟现代大熊猫挺像，更重要的是，它们的磨牙发达，跟现代大熊猫排列也差不多，这说明它们也是要大量吃植物的，要靠发达的磨牙磨碎食物。不过 2012 年，在西班牙东北部出土了距今 1160 万年的熊类颚骨与牙齿化石，经过研究确定为大熊猫的祖先。人们以发现了另一种大熊猫属的古生物学家米可洛斯·克里特佐伊 (Miklos Kretzoi) 的名字，将它命名为"克里特佐伊熊"。

这种熊与今天的大熊猫有很多相似之处。由于留下的是牙齿化石，所以古生物学家能确切地判断出它们是杂食性动物，而且磨牙挺适合吃竹子。但由于只留下了颚骨和牙齿化石，古生物学家判断不出来它们的皮毛究竟长啥样，只能猜测也是黑白相间的颜色。

　　大熊猫和水杉都是上了野生动物保护名录的。相比之下，另外一种活化石混得就比较拉垮点，人见了不仅不保护，胆小的还会尖叫出声，胆大的则要一拖鞋飞过去打得它们爆浆才罢休。

这种活化石叫蟑螂，几乎家家户户都能见到。我们平时所称的蟑螂，其实是好几个物种的集合，最常见的是祸害北方的德国小蠊和飞遍南方的美洲大蠊，前者善藏，多小的缝隙都能钻进去，后者善飞，翅膀一扑棱就能飞出去半间屋子，没练过几年拖鞋功的还真打不准。

蟑螂这种生物，简直就是生物中超人般的存在。很多昆虫对温度敏感，热一点、冷一点都受不了，蟑螂却是无惧寒暑，从东北到海南都有。很多昆虫对食物很挑剔，说吃植物的叶子就不吃茎，蟑螂却生就一副好胃口，剩饭能吃，大便能吃，同类的尸体还能吃，有什么吃什么来者不拒。而且，蟑螂还能生，一只雌性蟑螂每年产卵数在十万甚至百万级，放任它随便生的话，买1万个蟑螂小屋都不够关！

蟑螂这么能活，进化压力自然也就不是很大，因为无论环境怎么变换，它们都能适应。在北欧曾经出土过一块内含蟑螂的琥珀，经测定其历史有4400万年。2014年7月，美国科罗拉多州北部又出土了一块蟑螂化石，其年代测定为距今4900万年。而且这块化石中的蟑螂跟今天的蟑螂形态基本一致，说明蟑螂至少从4900万年前开始就停止了进化，能活下来全靠强大到出奇的生存能力，根本不用改变自己。

　　大熊猫也好、水杉也好、蟑螂也好，在鲎面前都是小儿科。鲎这种动物，在咱们书中已经出现过不止一次了，其最早的化石记录能追溯到 4 亿年前的奥陶纪，那时的海洋里还都是奇虾与三叶虫，连后世称霸的恐龙都还远没有出现。4 亿多年来，海洋中的霸主历经多轮变换，从寒武纪的奇虾、房角石变到白垩纪的蛇颈龙，再到作为哺乳动物的虎鲸，一直到今天人类披着钢铁外壳的巨轮与潜艇。

　　除人类外，这些自然界的霸主拿鲎都没有办法，这么个家伙长着甲壳平躺在海底，上嘴咬吧，咬不动，翻个面吧，霸主们又没长人类那灵巧的双手。所以鲎就一直静静地趴在海底，与世无争，岁月静好，见证了春夏秋冬 4 亿次变换。

所以你看，虽然都顶着这个高端、大气、上档次的名号，活化石与活化石之间差别大到不可想象。4 亿年前就在海底兴盛的鲎、2000 万年前"方才"出现在地球上的大熊猫、树冠高达 30 米的水杉和身长以毫米厘米计的蟑螂，在人类的话语里都成了活化石，归到同一个群聊里。

行文至此，对活化石的基本概念也应该达成共识了。有些类别的生物曾经在地球上繁荣昌盛，后来由于环境变化、新的物种崛起，其旗下各种群纷纷灭绝，如果有一两种物种存活下来并繁衍到今天，那这种幸存者就担得起活化石这个历史感浓厚的名号。幸存的原因有很多，有可能是这种物种生存技能很多，什么环境都能适应，如繁殖能力极强的蟑螂；有可能是其在某一领域走上极端，没有天敌，如背靠甲壳躺海底的鲎；也有可能是地质变迁，留下一个角落做世外桃源，如蜗居于重庆、湖北的水杉；甚至有可能是人类出手干预，拯救这种生物于灭绝的边缘，比如处在人类精心照顾下的大熊猫。

和它们同时代的生物都离开已久，只剩下地层中的化石还在讲述曾经的故事。

活化石，强大 or 脆弱?

欲戴王冠，必承其重。活化石的名号何等强大，担得起的生物必然要付出代价。代价之一就是物种的高度脆弱性，因为活化石的生命配置都比较老，更适应它们兴盛的那个时代，放在今天多多少少有些过时。

我们没法得出"活化石都很脆弱"的结论，因为有蟑螂这个反例。蟑螂躲在洞里屹立地球 5000 万年不倒，以不可辩驳的语气向世界证明，只要有强大的适应能力，什么环境都不是问题。

但看一下别的活化石，不难发现它们的生存空间普遍比较狭小。在 6500 万年前的晚白垩纪，水杉所属的红杉亚科曾有 10 余个物种，遍布整个北半球。后来由于气候变冷，这些物种相继灭绝，只剩下 3 个种类，并在 1000 万年前由于喜马拉雅山脉的崛起再度收缩，今天只剩下湖北、重庆交界处的一小块栖息地。

大熊猫的情况更为典型，食谱单一到几乎只吃竹子。在它们兴盛的那个年代，这是好事，因为竹子营养价值低，大熊猫吃竹子不用跟别的动物抢，更容易活下来。但在今天，竹子的分布很有限，

周一	周二	周三	周四	周五	周六	周日
竹子	竹子	竹子	竹子	竹子	竹子	竹子

大熊猫的栖息地也就跟着萎缩。就竹子那点可怜的营养，成年大熊猫每天得吃掉 30 千克以上，所以大熊猫每天要花 10—12 个小时进食，基本处于吃了睡、睡了吃的状态，再加上大熊猫出生不过人一个巴掌大、成年后却比人还高，每只大熊猫都需要一大片竹林才能活下来。综合起来，大熊猫基本只能生活在四川卧龙自然保护区那一小块地方，而且得靠人类大力支持才能活下来，全球不过几万只。

能有几万只算是好的。同样是活化石的白鳍豚，只以长江为家，2007 年曾被宣布功能性灭绝。目前在联合国动物保护名录里，白鳍豚的状态依然是"极危"，但那只是标准问题，只有野外 30 年没见过才能宣布灭绝，科学家们现在不敢轻易下定论而已。

最后一头饲养的白鳍豚是在 2002 年离世的，这个物种已经超过 20 年没有跟人类见面了。留给人类的时间不多了。

人也是活化石？

　　说到活化石这个话题，人类本来是没太多内容好谈的。毕竟人类直到 600 万年前才进化出来，在生命渡过的 38 亿年的时间长河中属于崭新的物种，只是由于进化出了高智商而后来居上而已。

　　但如果把人拆成零件，一点点从细处分析，那里边的活化石还是挺多的。在人体内能看到许许多多进化留下来的痕迹，最简单的莫过于鸡皮疙瘩，当人受到惊吓或者感受到寒意时，身上一摸一大把。

　　这是承袭于很多哺乳动物的习惯，皮肤下边有立毛肌，遇到威胁时收缩把毛发立起来，显得体型更大，好吓退敌人，受到惊吓时弓起身子的猫就是典型。人类的毛发退化了，但立毛肌还在，被惊吓时这一反应自然也在。所以与其叫鸡皮疙瘩，不如叫猫皮疙瘩更合适，毕竟鸡皮上的疙瘩走的是完全不同的一种机制。

　　再比如，如果拿出人的胚胎和鱼的胚胎，在你不知情的情况下你能分清哪个是人的胚胎、哪个是鱼的胚胎吗？人的受精卵发育 1 个月左右，颈部两侧就会出现跟鱼类相似的鳃裂，这鳃裂最终在

鱼类身上发育成鳃，在人身上则慢慢退化消失。人类胚胎甚至会发育出尾巴，直到 3 个月左右才会消失。大约 1/10 的人耳朵上甚至有个小小的、细细的耳盲管，有时还会流出一点分泌物，那是胚胎时期的第一鳃孔留下的痕迹。

甚至连我们的下巴都是进化的痕迹，因为有上颌骨和下颌骨是今天绝大多数陆生脊椎动物的特征，而这一特征是最早登陆的鱼带来的。2022年9月，中国科学院古脊椎动物与古人类研究所在《自然》上发表4篇论文，分析在重庆、贵州等地发现的最早的有颌类动物化石，发现了"从鱼到人"进化链条中的关键证据。

当然，有些人有两个下巴就不是进化的痕迹了，那是缺少运动的痕迹。

与之类似的还有喉返神经。如其名称所示，这条神经的主要功能在于"喉"，连接大脑与咽喉部，通过操控喉部肌肉控制人类的吞咽等行为。但这条神经的另外一个特点是"返"，因为它坚决不走寻常路，右边那条要向下走个小弯绕过颈动脉，左边那条干脆走个大弯绕过心脏发出的主动脉，路程生生拉长了3倍不止！神经越长就越容易受到损伤，喉返神经就这样给自己增加了无谓的风险。

不过别担心，人类神经传递信号速度是很快的，不在乎这点多余的路程，所以喉返神经虽然导致人的反射弧变长，却没有让神经反射变得太慢，不至于吃口饭吞咽还得等半天。

这条神经在我们的鱼类祖先甚至今天的鱼类那里也还有，就是一条再正常不过的神经，从大脑发出、从第六动脉弓背后绕过去喉部，在鱼的心脏与大脑相对位置下显得很正常。问题就在于，人类的设计图纸跟鱼类祖先相比早已做了根本性调整，心脏和大脑

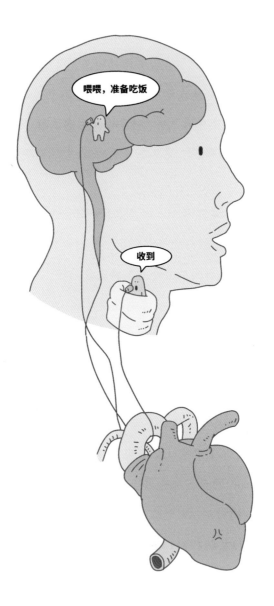

之间相隔很远，这条神经依然顽固地从第六动脉弓后边绕道而行，自然走弯路了。

有些人基因天赋异禀，这条神经从大脑发出后直接去喉部，不走这些弯弯绕。这本来是有益的基因，平时却表现不出来，只有在做颈部手术、甲状腺手术前做检查时才会发现。这种"喉不返神经"实在太过罕见，每出现一例医院都要小心翼翼，甚至能写论文、上媒体报道的。

格局打开，
多少生命是活化石？

　　把格局打开，会发现地球上的活化石更多。每个动植物个体都有自己的祖先，其基因编码也都是经过亿万年的演变才迭代到今天的版本，身上总能找到一些远古祖先的遗迹。鸡是恐龙的后裔，其双足直立的样子就和它们的先祖霸王龙挺像，说明二者的骨骼结构有很高的相似之处。鲸的祖先是陆生哺乳动物，4800万年前才到水里生活，所以在今天绝大多数鲸的鳍状肌肉内，还保留着和人手看起来挺相似的指骨。

　　扩展到微生物，活化石的概念甚至都有些凌乱。35亿年前，地球上出现了蓝细菌，这些古菌连细胞核都没有，却孜孜不倦地依靠叶绿素进行光合作用，产生氧气，最终改造了整个地球的大气成分，为后来的好氧生物提供了新的生存基础。蓝细菌主要靠着一分为二、二分为四的方式复制自己，在过去的35亿年间它们的性状发生了很多改变，也更新迭代了不知多少次，但直到今天它们还是蓝细菌，依然遍布在我们蔚蓝色的海洋里。它们是不是也可以叫

活化石?

　　蓝细菌之外，还有形形色色的古菌以及各种各样的细菌、真菌，它们形态简单，以最简单的分裂形式繁殖，基因也少，遇到点外界刺激就能改变 DNA，调控出新的性状，但它们依然是古菌、细菌、真菌。活化石这个名号，是不是也能给它们分享?

　　活化石只是人类给某些生物起的称号，其实在大自然看来都不重要。大自然只有一条法则，那就是物竞天择，适者生存，不管你身上的基因有多古老、组合有多稀奇，都要面对大自然残酷的考验，只有适应环境的生命才能生存繁衍，把自己的基因再一代代往下传。

　　个体生命去去来来，基因才是操纵一切的主宰。

第 十 五 章

为什么说
人比星星还珍贵?

—— 关于生命是低熵体那点事

1923年，也就是本书出版的100年前，德国科学家鲁道夫·普兰克来华讲学提到Entropy这个词，负责翻译的胡刚复教授灵机一动，给"商"字加个火字旁，造出了"熵"字。这个字造得非常贴切，Entropy的变化就是热量随温度的变化率，本来就是"火"的"商"。

　　如果嫌这个概念太复杂，不妨记个简版：熵是混乱的量度，物质排列越混乱，熵就越高；越有序，熵就越低。在宇宙中，各种元素无序分布，但恒星里就聚集了大量的氢、氦等元素，所以恒星的熵比宇宙整体低。

　　构成生物的分子，需要碳、氢、氧、氮、铁等元素以很复杂的特定顺序结合起来，所以叫生命大分子，这个有序度要比恒星还高，熵也就更低。

　　光一个血红蛋白分子，就由3000多个碳原子、4000多个氢原子、812个氧原子、780个氮原子、8个硫原子以及4个铁原子组成，是个9000多片的微型复杂乐高。这些原子要以极其精确的组合形成一个具有2条a链和2条b链的珠蛋白，以及每个链连接的血红素，从而跟氧分子结合起来，带着氧到处跑。

　　这样的血红蛋白，每个红细胞里有2.8亿个，像一个中间凹外边凸的饼，饼里携带这氧分子。在一个成年人的全身，这样的红细

胞数以十亿计，24 小时兢兢业业地工作，把氧气送到全身每一个角落。

这还只是循环系统的冰山一角。人全身大约有 40 万亿—60 万亿个细胞，每个细胞各司其职，相互配合着安静地干活，才让人保持活着，能蹦蹦跳跳并且有自己的思想。这种有序度明显要高于恒星，虽然在人类的尺度，后者几乎永恒。

所以下次你表白时，可以告诉你爱的人，她远比一颗星星更珍贵。不过，你可别告诉她，这世间的 80 亿人都比星星珍贵。

生命：珍贵且脆弱

　　从另一个角度看来，生命在宇宙中十分渺小。假设地球上每个人的体重都达到 200 斤，也就是 0.1 吨，那他的体积也就是 0.1 立方米。不考虑缝隙，把 80 亿人贴合起来放到一起，大约能拼成一个半径 575 米的球体，或者一个棱长 928 米的立方体，比迪拜塔高不了多少。

　　这就是所有的人类了，加起来不超过 5 亿吨，而地球的总质量是 59.72 万亿亿吨，所有人类加起来跟地球相比，甚至还赶不上一个病毒跟人自身相比。

　　其实地球上所有的生命加起来，包括人、猫、狗、猪、鸟、羊以及各种植物各种微生物，也就是 5000 亿吨，也还不到地球的百亿分之一。但就是这微不足道的百亿分之一，在地球上生存繁衍，彻底把这里改造成了自己的乐园。

　　生命的特点就是这样，总质量很渺小，有序度却极高。可以说，生命是宇宙中最珍贵的东西。

　　珍贵的另一面是脆弱。

几十亿年以来，生命之间相互竞争的主要手段就是给对方制造混乱，生命组织的结构就是那么精细，乱了就完了。青霉菌分泌青霉素，能溶解金黄色葡萄球菌的细胞膜，让其无法拢住细胞器从而无法继续发挥功能。

有种抗生素叫黏菌素，在细菌耐药性越来越强的今天被认为是抗生素的最后希望。这种黏菌素的主要手段就是戳，戳破细菌，让细菌细胞液泄漏掉，没法继续发挥功能。

到了今天，人类在战场上用大炮互相轰，本质上也还是让对方的肌体混乱，无法再发挥功能。

借用《三体》中一个比喻，如果宇宙是扑克牌，那生命就是一联好不容易实现的同花顺，随便洗洗牌生命就没了。

这就是本章要聊的主题，死亡。

是狼吃掉羊还是羊跑掉，狼饿死，有区别吗？

对生命这个大概念来说，没有任何区别。所有生命的遗传物质都是 DNA 或者 RNA，是 AGTC 这四个碱基对通过排列组合生产蛋白质让生命活动。狼追羊只是这四位通过做实验为自己找到一种更有效率的排列方式，排列成功的那匹狼留下来、排列失败的那只羊被淘汰，仅此而已。失败的那只羊也没浪费，身上的蛋白质、DNA 都被层层分解，通过优胜者狼的消化系统进入狼的身体，重

新按更有效率的狼的编码方式排列。碱基对还是碱基对，只不过经历了一个小小的排列组合。

但对狼和羊来说，这区别大了。要么羊被狼吃掉，要么羊跑掉，狼饿死，存活者只能有一个，另外一个永远从这世间消失。无论是狼还是羊，都是一条活生生的生命，有自己的独立意识。随着躯体消逝、生命枯萎，这独立意识失去物质基础，也就无法继续存在。

每一个生命都要努力活下去。哪怕没有意识的细菌、真菌和蚊子苍蝇也在努力活下去。活下去就是单个生命的意义，狼为了这个意义去吃羊，羊为了这个意义要从狼的口中逃走。如果把基因看作代码，那生命不过是用 AGTC 这四种碱基对编写出的程序，这个程序把复制自己的终极目标锁死在基因里，驱使着每一个生命去竞争，忠实地执行基因写给自己的指令。

从细菌到真菌、从动物到植物，活下去就是那四种碱基对给生命刻下的本能，驱使世间万物进行竞争。为了提高竞争胜率，这些碱基对时不时来个小小的突变，导致生物性状改变。有的变得更不适应自然被淘汰，有的适应自然被留下继续繁衍。

100 万次突变中，可能也就一两次会导致生物性状改变。100 万次改变中，可能也就一两次是往更适应自然的方向改变。所以生物的进化其实无比缓慢，动辄以万年、百万年来计算。

100万年又怎样呢？地球有的是时间。只有复杂的生命才会苦短。

生命的死亡不仅是给后来者腾空间，更是通过优胜劣汰保证生命自身的有序，提高生存效率。这是每一个个体生命生存的动力，也是作为整体的生命前进的动力。可以认为，个体生命的死亡，甚至整个物种的消亡都是那四个碱基对计划的一部分，目的就是不断试错，永远搜寻更好的组合方式。

那四个碱基对是极其精明的老板，操纵生命不断内卷，无论谁卷死谁，它们都血赚。

为了活下去、卷下去，不同的生命采取了不同的进化策略。大象身大力不亏、老虎有尖牙利爪、翻车鲀一次能产3亿粒卵，分别属于体型派、爪牙派、生娃派。老规矩，这些大家都知道的名门大派就不细说了，一起看几个奇异门派吧。

大饼派

1946年，在澳大利亚的埃迪卡拉山发现距今5.5亿年以前的化石，后来这种化石出土得越来越多。经过复原，学界倾向于认为这些动物还没有进化出头、口或者四肢，就像一张张大饼、一片片叶子、一个个圆球固定在海底，从海水里直接摄取营养成分。这些

动物被称作埃迪卡拉生物群，其生活的时代，也就是5.35亿—5.41亿年前，被称作埃迪卡拉纪。

有人把埃迪卡拉生物群称作进化失败的试验品，这点笔者说什么也不能同意。1946年以来，埃迪卡拉生物群的化石已经在全世界30多处被发现，甚至在我国的贵州瓮安、陕西蓝田、云南庙河、柴达木盆地都有出土，估计读者中这些地方全都去过的人并不多。能把自己的基因扩散到全世界，这就是进化的胜利，至于后来埃迪卡拉生物群灭绝，那也是正常的自然规律。

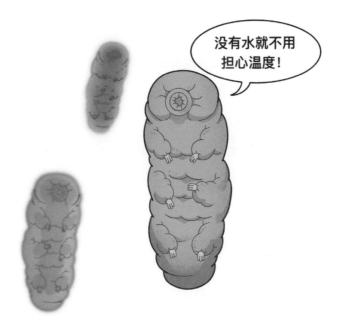

耐受派

在广袤的撒哈拉大沙漠里，有一种蚂蚁以地为名，就叫撒哈拉沙漠蚁。这种动物最擅长的就是耐高温，在 70 摄氏度气温中依然能活蹦乱跳。要知道 2022 年 6 月郑州气温达到 41 摄氏度时，就有多位市民家中玻璃门出现裂纹，一摸就碎了。70 摄氏度等于时时刻刻在桑拿，还是无水干蒸桑拿。

撒哈拉沙漠里酷热难当，这种蚂蚁不仅能活下来，而且还是食腐动物，以其他动物被热死的尸体为食。

这还不算最厉害的。在东太平洋的海底有一些热泉，一刻不停地往外喷高温液体，但庞贝蠕虫就能在这些热泉里存活。一般认为，这种生物外表有一层羊毛状细菌，起到隔热作用，保护了庞贝蠕虫，能在80摄氏度的水温中存活。

但庞贝蠕虫只能算耐受派亚军，冠军属于水熊虫。这种体长不到1毫米的水生小虫子，掌握了只在科幻小说《三体》里出现的脱水技能，能把体内水分降低到1%左右，以这种"小桶状态"在接近绝对零度到151摄氏度的温度下存活。

硬壳派

长硬壳的动物并不稀罕，雨后小区的冬青树丛里，总有蜗牛出没。去野外景区的小溪里，也经常会见到乌龟、甲鱼。友情提示，这些家伙最好都不要用手摸，蜗牛可能传播疾病，乌龟、甲鱼伸头咬人一口可不是闹着玩的。

顺便插一嘴，乌龟的壳可是脱不下来的。乌龟的壳是胸骨异化形成的，就相当于人肋骨和背部骨头变大了，是身体的一部分，没法脱离别的身体结构取下来。有些地方的居民爱吃甲鱼，当那一道红烧甲鱼上了桌，掀开盖里边就是鲜嫩欲滴的甲鱼肉，可好吃了！

要真像动画片里那样，乌龟、甲鱼把壳脱下来甩出去，那它们自

己早就玩完了，根本用不着老鹰带上天再往下摔。

甲壳是个不错的防御武器，早在 5.6 亿年前的寒武纪，海洋里游动的三叶虫就装备上了。那时的海洋里甚至还没有今天的鱼类，三叶虫靠着背上的硬壳让很多动物没法下嘴，倒也能横着游。

甲壳这么好，别的动物也想要，于是在 4 亿多年前的奥陶纪，一些别的带甲壳的动物也登上了历史舞台，其中最著名的就是鹦鹉螺和菊石。鹦鹉螺有很多竖着的，有点像今天的田螺与海螺。菊石是扁平的，有点像今天的蜗牛，其实有着本质性的差别。鹦鹉螺最长的可以长到 9 米多，被人用基督教《圣经》里的典故命名为房角石，在其生活的奥陶纪是海洋顶级掠食者。菊石体型大小不一，大的也能长到直径 2 米多，都是海洋里的巨兽。

同样在 4 亿年前，海洋里还出现了一种扁平的生物叫鲎，背上有个硬壳，脚底下长了一些短短的腿。扁平的主要好处就是方便躺平，或者叫趴平，遇到危险时它只需要往海底一趴，掠食者就拿它没有办法：硬啃壳子吧，太硬啃不动；给它翻个面吧，滑滑的翻不过来。

4 亿多年过去了，曾经凭借巨大体型称霸的房角石、菊石早已消失在历史的尘埃里，反倒是躺平的鲎生存到了今天。2009 年，在云南罗平发现了三叠纪鲎化石，跟今天的鲎几乎没啥差别，鲎"活化石"名不虚传。

只可惜，它因为长了一身能做细菌指示剂的蓝色血液，经常被一些机构从海里捞上来献血、献完再扔回去，再加上有些地方爱吃鲎的肉，目前这种熬过 4 亿年的动物已经濒危了。

纯陆生生物也有长壳的。3500 万年前，南美洲生活着一种雕齿兽，背上就长个又大又圆的骨板硬壳，其体长超过 1 米，也是没什么动物下得去嘴。这种动物的后代叫犰狳，今天还生活在中南美洲，只是体型小了点，壳还是硬邦邦的。

有多硬呢？2019 年美国得克萨斯州，就是武德充沛、动不动就出红脖子跟人干仗那地方，有人半夜三点在院子里发现只犰狳，上来就对着它连发三枪。然后一发子弹弹回他下额，救援机构把他拉走的时候，他还说不出话呢。

新的进化流派：
各有各的苦

人类称霸地球后，出现了新的进化流派：美食派与卖萌派。

鸡就是美食派的代表。鸡的祖上也阔过，是恐龙，但在漫长的进化之路上逐渐卸去了厚实的皮肤铠甲，换上了羽毛，减小了个头以求生存，后来被人类驯化，又被人类一代代选择性育种，终于成了今天的样子，大量产蛋，快速长肉给人吃。

从基因上看，鸡是毫无疑问的优胜者，目前全世界鸡的总量超过 200 亿只，是狗的 30 倍、猫的 35 倍，平均每人占有两只半。鸡的基因得到了充分的发扬光大，在碱基对的排列组合竞赛中获取了绝对优势。

鸡物种繁盛的背后却是个体的悲惨命运。从蛋开始，鸡就是人类的食物，打开冰箱几乎家家都库存十几二十个蛋，每一个蛋都是一只在见到世界前就被吃掉的鸡。那些侥幸来到这个世界的鸡，又被做成棒棒鸡、口水鸡、叫花鸡、脆皮鸡、白斩鸡、德州扒鸡、左宗棠鸡、小鸡炖蘑菇、老母鸡汤、鸡米花、全家桶、可乐鸡翅、重庆烧鸡公……不能再列了，我口水都流下来了！

如果恐龙祖先沉积层下有知，看到子孙后代以这种方式繁荣昌盛，不知道是该喜还是该悲。

美食的进化路固然个体悲惨，却极其省事，所以猪、羊、牛蛙等动物也属于这个流派，野猪的大部分肉都长在身体的前半部分，是倒三角体型，家猪的肉就主要长在后半身了，拥有跟笔者一样的大肚子。

开牧场的动物也不止人类一种。蚂蚁就有驯养蚜虫的好习惯，跟着蚜虫后边吃含糖分泌物，蚂蚁没有人类的智力，不会进行育种，但蚁工筛选还是在无意识中做了的。2018—2019 年，福建农林大学的研究者对武夷山、福州和寿宁等地的蚂蚁与蚜虫做了调查，发现在蚂蚁中占据优势地位的种类对其多样性有着重要决定作用，翻译成大白话就是不同种类的蚂蚁都有自己的口味，并根据自己的口味挑选蚜虫种类。

在中篇小说《吞食者》中，刘慈欣描写了一个令人毛骨悚然的场景，那就是恐龙在 6500 万年前的小行星撞击中没有灭绝，而是去了外太空，后来又回来征服了地球，把人类当作一种家禽来驯养，好吃好喝供到 60 岁就杀了吃肉。在大刘笔下，被驯养一段的人类已经习惯了这种生活，还对自己与恐龙搏斗的祖先嗤之以鼻，觉

得无法理解其反抗作为。

如果地球真被某个先进的外星文明征服，这种场景并非不可能出现。真到了案板上，人的表现未必比鸡强。

卖萌派的代表则是猫、狗。这两种动物眼睛占面部比例大、类似人类婴儿，能激起人类的保护欲与爱恋欲。它们体型不大、生长周期也不长，便于人类控制与陪伴，智商在动物中属于上乘，能听懂人类的简单语言并进行回应。有了这些优点加持，猫、狗在卖萌的路上一路向前。小猫、小狗的天然可爱，霸气猫主子的高冷，小狗的楚楚可怜都让人看着顺眼，人类为这些毛孩子付出心甘情愿。

但猫、狗驯化的差别很大。狗的祖先是狼，大约在1万年前到人类的定居点捡剩饭被抓，逐渐开启了驯化的历程。历经人类一代又一代筛选，留到今天的狗早已不再有狼的野性。也正因为狗已经驯化了1万年，所以不同种类的狗在脸型、嘴型、体型方面差别巨大。

猫的驯化要晚得多。虽然早在9500年前的墓葬里，就有与人合葬的野猫，但一般认为这时的猫与人类还是劳务外包关系，猫抓老鼠、人让猫进屋遮风挡雨。一直到4000年前，古埃及的猫才和人类达成协议，正式入职人类家中共同生活。人工筛选过程毕竟短了一半，现在的猫基本都是一种脸，差别不是很大。

这两位卖萌派的苦，并不比鸡、猪这样的美食派小很多。被豢养的动物，是朝着人理解的萌化方向发展的，独立性、自主性都会比较差。2015 年，美国俄勒冈大学的研究者做实验，设计一个内装食物、外有盖子和绳子的小罐子，动物需要按住盖子，同时拉绳索，才能吃到食物。

10 匹狼、10 只流浪狗、10 只宠物狗参与了实验，结果 8 匹狼在 2 分钟内轻松通过，1 只流浪狗解决问题，宠物狗则全军覆没。哪怕有人在旁边鼓励、引导，狗的成绩还是大不如狼。所以研究者得出结论，狗在进化的过程中已经适应了有人帮忙解决问题的模式，独立性跟狼比差远啦。

而且大自然的定律是不同亲缘的动物进行杂交，从而获得最具竞争优势的下一代。人工筛选猫、狗的标准则是让它们近亲繁殖，从而加强某些性状。这样做的结果就是，纯种猫、狗往往集中了致病基因，一身遗传病。大家亲切地喊泰迪的狗其实是卷毛比熊，就容易得髌骨脱位、心脏病。牛头梗容易得耳聋、肾衰竭。沙皮的遗传病更好判断了，眼睑外翻，脓皮症都是常客。至于很多人觉得很可爱的折耳猫，有不低的概率患软骨发育不全。买来的时候爱得死去活来，等它们发病可就有人弃养了，而被弃养的流浪猫、流浪狗基本没法活下去，大概率会被人道毁灭。

这一切，都是人类为满足自己的审美，强行违反自然规律的结果。那些混血的狗、混血的猫反而容易被抛弃，在大街上流浪。话说大家还都觉得混血美女、混血小鲜肉好看呢，怎么混血的猫狗就没人要了呢？

进化有终点吗？

　　在人类出现后，生命的进化方向其实是大自然和人类共同选择的。在人类影响无法大规模触及的深山野外、洞穴海底，由大自然进行淘汰筛选。在人类占据绝对主导地位的城市与农田，由人类进行人工培育，获得了亲人的猫、狗与1米多高的水稻。

　　包括人类自身也在不断改变性状，朝不同的方向进化。2022年，有研究者从伦敦和丹麦的516个遗骸中提取了人类古DNA样本，其死亡时间跨度从1000年跨越到1800年，可以说是黑死病之前、之间、之后死去的人。他们发现，欧洲被黑死病洗劫过一轮之后，人类的遗骸中一个名叫ERAP2的基因变体出现频率更高，携带这一突变的人类面临鼠疫更容易生存下来，但也更容易罹患克罗恩病等自体免疫性疾病。

　　你看基因多狠，为了抵御一种疾病不惜患上另一种，两害相权取其轻。至于那些因此患上克罗恩病的人，在基因看来只不过是进化出了点小小的意外而已。

　　今天的人类，是古猿历经淘汰进化的结果。今天与我们共享这

片蓝天的生物，是经过人类筛选后的种群。我们今天生活所在的地球，是被人类影响塑造过的地球，也是生命为自己改造出来的一个乐园。

这颗地球已经运行了46亿年，恰是球到中年。再过50多亿年，随着发光发热的太阳变成红巨星再熄灭，地球至少表面会被太阳的高温毁灭，到时地球上的生命能去哪还是未知数。

其实不仅是生命与太阳，整个宇宙也在走向死亡。在大约10万亿年后，宇宙中最后一颗恒星会耗尽能量，变成密度极高却光亮微弱的白矮星、中子星，甚至不发光的黑洞，宇宙将进入由超高密

度物质组成的简并时代，到时候今天的点点星光将不复存在。理论上，简并态星体上的引力能压碎一切，几乎不可能产生复杂的有机体，所以那时的宇宙大概率将一片死寂。

白矮星、中子星也有自己的寿命，以极其缓慢的速率损失物质。当最后一颗白矮星、中子星消亡，宇宙将只剩下黑洞，进入黑洞时代。

黑洞也会不断缓慢蒸发。当最后一个黑洞也消亡，宇宙将进入不可预测的黑暗时代。

熵增终将压倒一切获得最终的胜利，生命不过是偶然诞生、暂时存在的一个奇迹。

图书在版编目（CIP）数据

从细菌到宇宙：生命科学的 N 个超大脑洞．第一辑 / 张周项，陶勇著．—
北京：东方出版社，2023.9
ISBN 978-7-5207-3497-4

Ⅰ．①从… Ⅱ．①张… ②陶… Ⅲ．①生命科学－普

及读物 Ⅳ．① Q1-0

中国国家版本馆 CIP 数据核字（2023）第 105219 号

从细菌到宇宙：生命科学的 N 个超大脑洞．第一辑

CONG XIJUN DAO YUZHOU SHENGMING KEXUE DE N GE CHAODA NAODONG DIYIJI

作　　者：张周项 陶 勇
策　　划：姚 恋
责任编辑：张洪雪 李志刚
出　　版：東方出版社
发　　行：人民东方出版传媒有限公司
地　　址：北京市东城区朝阳门内大街 166 号
邮　　编：100010
印　　刷：北京联兴盛业印刷股份有限公司
版　　次：2023 年 9 月第 1 版
印　　次：2023 年 9 月第 1 次印刷
开　　本：880 毫米 ×1230 毫米 1/32
印　　张：11.5
字　　数：206 千字
书　　号：ISBN 978-7-5207-3497-4
定　　价：98.00 元
发行电话：（010）85924663　85924644　85924641